国家自然科学基金项目（72104027）
工业和信息化部重大项目（GXZY2210）

加速碳中和

数据要素创新驱动高质量发展

尹西明　聂耀昱◎著

经济日报出版社
北　京

图书在版编目（CIP）数据

加速碳中和：数据要素创新驱动高质量发展／尹西明，聂耀昱著 .—北京：经济日报出版社，2024.5

ISBN 978-7-5196-1370-9

Ⅰ.①加… Ⅱ.①尹…②聂… Ⅲ.①数据管理-研究 Ⅳ.①TP274

中国国家版本馆 CIP 数据核字（2023）第 225669 号

加速碳中和：数据要素创新驱动高质量发展

JIASU TANZHONGHE：SHUJU YAOSU CHUANGXIN QUDONG GAOZHILIANG FAZHAN

尹西明　聂耀昱　著

出　　版：经济日报出版社

地　　址：北京市西城区白纸坊东街 2 号院 6 号楼 710（邮编 100054）

经　　销：全国新华书店

印　　刷：北京虎彩文化传播有限公司

开　　本：710mm×1000mm　1/16

印　　张：13.5

字　　数：199 千字

版　　次：2024 年 5 月第 1 版

印　　次：2024 年 5 月第 1 次印刷

定　　价：62.00 元

以数据要素赋能绿色创新，
助力新质生产力发展

陈　劲

清华大学经济管理学院教授　教育部人文社会科学重点研究基地
清华大学技术创新研究中心主任

2023 年 9 月，习近平总书记在黑龙江考察时强调："整合科技创新资源，引领发展战略性新兴产业和未来产业，加快形成新质生产力。"2024 年 1 月，习近平总书记在主持中共中央政治局第十一次集体学习时强调："发展新质生产力是推动高质量发展的内在要求和重要着力点，必须继续做好创新这篇大文章，推动新质生产力加快发展。"

新质生产力是由技术革命性突破、生产要素创新性配置、产业深度转型升级而催生的当代先进生产力，它以劳动者、劳动资料、劳动对象及其优化组合的质变为基本内涵，以全要素生产率提升为核心标志。新质生产力源自数字科技这一"介质"，形成的是绿色发展的"品质"，依靠科技创新这一"本质"。

2024 年是数据要素元年。1 月 8 日，IDC 发文预测，2024 年全球将产生 157ZB 数据，其中中国新增 39ZB，占全球的比重为 24.8%。中国数据增量的复合增长率达 26.3%。在国务院印发的《"十四五"数字经济发展规划》中，提出要"利用数据资源推动研发、生产、流通、服务、消费全价值链协同""数据确权、定价、交易有序开展，探索建立与数据要素价值和贡献相适应的收入分配机制，激发市场主体创新活力"。2023 年 12 月 31 日，国家数据局等

17 部门印发《"数据要素×"三年行动计划（2024—2026 年）》，行动计划选取工业制造、现代农业、交通运输、城市治理等 12 个行业和领域，推动发挥数据要素乘数效应，释放数据要素价值。中国在数字经济方面一直走在全球数字经济发展的第一方阵，在加快高质量发展的关键阶段，必须进一步加强对数字科技的投入，推进数据要素市场化配置，进一步形成"数据（新型生产要素）+算法（新型劳动工具）+算力（新型劳动主体）"驱动的新型绿色经济发展模式，让数字技术和数据要素更好地赋能中国经济和产业绿色化、智能化转型。

由尹西明博士和聂耀昱博士撰写的《加速碳中和：数据要素创新驱动高质量发展》一书，把握数据要素的特征和发展趋势，通过构建数据价值化动态机制整合模型，介绍碳中和背景下数据价值化相关动态机制及平台技术，梳理数据基础设施和数据要素市场化配置的机制机理，以及行业数据基础设施使能的具体应用，为探索赋能数据价值化的新理论、新机制、新生态和新路径提供了有益参考。

绿色发展是高质量发展的底色，新质生产力本身就是绿色生产力。我们必须进一步践行"绿水青山就是金山银山"的理念，坚定不移走生态优先、绿色发展之路。通过进一步加强碳中和数据基础设施建设，加快构建高速泛在、集成互联、安全高效的新型数字基础设施，深化设施、设备和数据共享，释放数据要素对制造业绿色化、低碳化转型升级的放大、叠加、倍增价值，加快绿色能源技术的创新和推广使用，深化新一代信息技术与制造业融合，加快推动产业链结构、流程与模式重构，开拓未来制造新应用等举措，从根本上实现经济社会发展方式的绿色转型，形成促进新质生产力发展的绿色创新能力，助力"双碳"进程。

勇当数据时代先锋，助力国家 数据基础设施建设

林拥军

北京易华录信息技术股份有限公司董事长

　　碳中和对中国式现代化新征程上加快发展新质生产力、实现高质量发展提出新要求，数据要素为数字中国建设带来新机遇，党中央、国务院对这两项工作高度重视，出台一系列文件，推动全社会加速向绿色化、低碳化、智能化转型。

　　易华录在数据要素赋能碳中和领域做了大量积极探索。易华录成立于2001年，是国家创新型企业、数据要素型企业，2011年5月在创业板上市，2023年11月经国务院批准，实控人变更为中国电科，成为国家网信事业和战略科技力量的重要组成部分。"十三五"以来，易华录在数字中国、数据要素、数据基础设施等方面超前部署和积极探索，发展数字经济，协同打造新质生产力，加快做强做优做大，建设一流央企控股上市公司。其中聚焦科技攻关，推进数据低碳存储应用，实现了PB级数据的能耗最大可节约近95%；契合国家"东数西算"工程，超前布局绿色低碳城市数据基础设施，在"东数西算"工程的6个国家枢纽节点形成布局，助力建设安全、低碳、节能的国家数据存储平台；促进数据交易流通，形成数据要素资产化标准系统体系，探索数据要素市场化配置运营路径，赋能区域、行业数据要素市场的流通，促进数据要素价值实现。

　　以上成就的取得，与契合"双碳"重大战略决策，联合国内著名高校，

依托青年人才持续创新密不可分。本书正是尹西明和聂耀昱两位作者，在易华录和清华大学、北京理工大学等国内著名高校的合作平台上，面向数字中国建设和"双碳"等重大战略决策的理论构建和实践探索的结晶，为更好发挥数据要素和数据基础设施赋能国家重大战略目标实现提供支撑。

全书从数据要素创新驱动绿色低碳发展这一角度出发，详细梳理了包括数据基础设施、数据确权登记、数据授权运营、数据资产评估、低碳场景应用、数据要素市场培育在内的面向碳中和的数据价值化新理论与新技术，以及在此基础上形成了横向数据确权授权运营、纵向数据资产评估试点和行业数据基础设施使能的、面向碳中和的数据要素价值化新模式，结合数据要素市场培育的河南探索、数据驱动智慧城市的开封探索、数据要素生产资料化的兰考探索、零碳数据湖的易华录实践探索、北斗高精度定位技术的应用探索等具体产业实践，推动构建数据要素驱动绿色低碳高质量发展的创新生态。

全书论述严谨、理论系统、见解深刻，在完善数据基础制度体系、促进数据资源高效管理、推动低碳绿色数据基础设施建设、培育数据要素市场产业生态体系等多方面，对协同实现数字中国建设、数字经济发展和"双碳"等战略目标，有着重要的科学支撑和积极的产业引导。

尹西明、聂耀昱两位年轻人本着严谨认真的治学态度，倾注了大量的心血完成书稿，勇当数据时代先锋，从理论和实践多个维度助力国家数据要素市场培育和数据基础设施建设，为加速碳中和目标实现，服务网络强国、数字中国建设，推动数据要素驱动绿色低碳发展做出了青年应做的工作，向他们取得的成绩和本书的顺利出版表示祝贺！

欣闻易华录、北京理工大学、清华大学、东湖大数据合作，两位作者作为主要骨干，针对数据融通面临确权评估难、可信融通难、存储能耗高等"两难一高"重大挑战，聚焦以蓝光为基础的超级智能混合存储技术攻关，创造性提出数据"收、存、治、用、易"全生命周期理念下的数据价值化机制，协同建设的全国首个面向数据要素价值化的数据融通平台，荣获 2023 年度北京市科学技术奖二等奖，再次向两位作者祝贺！期待两位青年学者能够在数据要素加速创新、赋能碳中和与新质生产力发展方面作出更大贡献！

前　言

　　碳达峰碳中和（简称"双碳"）对中国式现代化国家新征程上实现高质量发展提出新要求，党中央、国务院对"双碳"工作高度重视，力争2030年前实现碳达峰，2060年前实现碳中和，事关构建人类命运共同体和中华民族永续发展。"双碳"工作是国家的战略性部署，需要系统性规划和持续性实施。当前，以数据为新型生产要素的数字经济作为拉动我国经济增长的新引擎，逐渐成为推进新质生产力加快发展的关键核心力量。

　　当然，碳中和背景下数据价值化也面临多重挑战，如数据基础设施绿色低碳运行成本高、压力大，区域行业数智化、低碳化高质量发展协同难等现实挑战，能源和碳汇数据利用开发促进"双碳"目标实现亟待新模式等交叉应用挑战，数据要素确权难、开放难、共享难、治理难、定价难、安全压力大等数据价值化问题。

　　习近平总书记2024年1月31日在中共中央政治局第十一次集体学习时指出，绿色发展是高质量发展的底色，新质生产力本身就是绿色生产力。必须加快发展方式绿色转型，助力"双碳"目标的实现，在此背景下，本书通过构建数据价值化动态机制整合模型，介绍碳中和背景下数据价值化相关动态机制及平台技术，梳理数据基础设施、数据确权登记、数据授权运营、数据资产评估、低碳场景应用和要素市场培育的机制机理，以及横向数据确权授权运营、纵向数据资产评估和行业数据基础设施的具体应用，探索赋能数据价值化的新理论、新机制、新生态和新路径。梳理数据要素生态建构和数据价值化典型应用案例，以期为探索碳中和背景下数据要素科技创新赋能绿色低碳高质量发展提供理论和实践启示。

未来需要多措并举，把握场景驱动创新的重大战略机遇，瞄准国家重大需求场景，进一步建设和发挥好以碳中和数据银行为代表的数据基础设施对"双碳"国家战略目标实现的基础性支撑作用，实现以数据要素科技创新加速产业智能化、绿色化和高端化发展，推进新型工业化和现代化产业体系建设，在数字经济发展中打造新质生产力，培育高质量发展新优势新动能。一是要完善数字中国建设和"双碳"目标协同的顶层设计；二是要加强场景驱动的绿色低碳科技攻关，尤其是利用数据要素和数字技术赋能绿色低碳核心技术实现突破；三是多部门、跨区域和跨领域协同推进碳中和数据银行建设，加速工业制造等关键领域减碳；四是注重完善政策法规体系，通过制度创新和技术创新牵引的双轮驱动，打破"双碳"工作面临的数据融通壁垒；五是要充分发挥我国超大规模市场和海量场景驱动的优势，加快碳中和数据银行多元应用场景的开发建设。

目　录

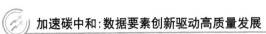

第一章　引　言

第一节　碳中和对中国高质量发展提出新要求

党中央、国务院对"双碳"工作高度重视。2020年第七十五届联合国大会一般性辩论上，中国向国际社会作出庄严承诺：中国将提高国家自主贡献力度，采取更加有力的政策和措施，二氧化碳排放力争于2030年前达到峰值，努力争取2060年前实现碳中和。实现"双碳"目标事关构建人类命运共同体，是党中央经过深思熟虑作出的重大战略决策，是中国积极应对全球气候变化，彰显国际上负责任大国形象的战略举措。2015年，全球近200个国家和地区达成了应对气候变化的《巴黎协定》，一起确立全球应对气候变化的长期目标：到21世纪末将全球平均气温升幅控制在比工业化前水平高出2℃以内，并努力将气温升幅控制在比工业化前水平高出1.5℃以内；全球尽快实现温室气体排放达峰，并在21世纪下半叶实现温室气体净零排放。党的十九大报告提出了新时代中国特色社会主义现代化建设的目标、基本方略和宏伟蓝图，党的二十大报告提出要"全面建成社会主义现代化强国、实现第二个百年奋斗目标，以中国式现代化全面推进中华民族伟大复兴"。第二个百年奋斗目标的实现周期和"双碳"战略目标的实现周期总体重合，第二个百年奋斗目标的实现和中华民族永续发展，离不开绿色高质量发展为导向的碳中和战略支撑。

"双碳"工作是国家的战略性部署，需要系统性规划和持续性实施。正确认识和把握"双碳"工作，要做好政策规划的顶层设计，坚持全国统筹、节约优先、双轮驱动、内外畅通、防范风险的原则，加快先进技术推广应用，坚持稳中求进，逐步实现"双碳"目标。为推动实现"双碳"战略目标，2021年10月，中共中央、国务院陆续印发《关于完整准确全面贯彻新发展理念做好碳达峰碳中和工作的意见》《2030年前碳达峰行动方案》构建"双碳"行动方案的顶层设计，相关机构也陆续发布重点领域和行业碳达峰实施方案，构建起"双碳"的"1+N"政策体系。2022年，全国两会政府工作报告明确提出："要有序推进碳达峰碳中和工作。落实碳达峰行动方案。推动能源革命，确保能源供应，立足资源禀赋，坚持先立后破、通盘谋划，推进能源低碳转型。"2022年11月，党的二十大报告明确提出："积极稳妥推进碳达峰碳中和""立足我国能源资源禀赋，坚持先立后破，有计划分步骤实施碳达峰行动""深入推进能源革命，加强煤炭清洁高效利用""加快规划建设新型能源体系""积极参与应对气候变化全球治理"。实现"双碳"目标，是一场社会经济绿色低碳转型的硬仗，也是一场检验党和政府治国理政能力的大考；是一场广泛而深刻的经济社会系统性变革，涉及经济、社会、科技、环境、观念等方面，将会对现有经济运行基础和人们的生产生活方式产生巨大改变。

　　科学合理减少碳排放，促进能源结构低碳转型，是推进"双碳"目标实现的关键路径。长期以来，我国经济社会形成了高碳的能源消费现状，能源活动的碳排放占全国二氧化碳排放总量的比例近90%，"双碳"目标的提出，对我国能源低碳转型提出了更高要求，推动能源低碳转型是我国未来几十年实现"双碳"目标的首要任务。实现"双碳"目标，需要在调整产业结构、节约资源和能源、提高资源能源利用效率、优化能源结构、发展非化石能源、发展循环经济、增加森林碳汇、建立运行碳交易市场等方面，全力推动全社会加速向绿色化、低碳化、智能化转型。

　　实现"双碳"目标，是一项涉及各行各业的系统工程，需要全国"一盘棋"。"双碳"工作不仅是生态文明建设的重要内容，更是整个中国经济基础的重构、整个制造业的重构、整个增长模式的根本变化；不仅是能源领域的系统性颠覆及绿色化革命，更是传统经济结构的再造和生产方式的根本变化。"双碳"战略目标作为一项全社会的系统性工程和长期任务，涉及国民经济生活的方方面面，不仅在政府、企业、个人、区域、城市、园区、行业等不同层面有具体的评价标准和实施规范，还需要综合发挥政策、法律、财税、金融等多种工具的作用，更需要实现节能减排、气候减缓、生态恢复、经济发展等多个目标的协调。我国实现"双碳"目标时间紧、任务重，在实施过程中也同时面临着一系列重大挑战。"双碳"目标提出以来，部分地方政府及企业对"双碳"认识不充分、统筹不周全，出现了"碳冲锋""一刀切""运动式减碳""拉闸限电"等现象，脱离实际的减碳方式对经济发展和社会稳定造成冲击，亟须系统性、长远性、全局性的"双碳"实施方案，科学稳步推进减碳。

　　建立以碳汇为代表的生态产品价值实现机制，是推进"双碳"目标实现和生态文明建设的重要手段。碳汇是以绿水青山为载体的生态服务，碳汇交易是把绿水青山转化为金山银山、实现生态产品价值的有效机制。碳汇能力巩固和提升是实现碳中和的关键环节，国家高度重视开展碳汇监测、计量、核查、核算、认证、评估、监管以及技术体系和标准体系建设。2021 年 10月，中共中央、国务院在《关于完整准确全面贯彻新发展理念做好碳达峰碳中和工作的意见》中明确指出要"巩固生态系统碳汇能力""提升生态系统碳汇增量"；国务院在印发的《2030 年前碳达峰行动方案》中指出要"加强生态系统碳汇基础支撑""建立生态系统碳汇监测核算体系""开展森林、草原、湿地、海洋、土壤、冻土、岩溶等碳汇本底调查、碳储量评估、潜力分析"。2022 年 8 月 18 日，科技部、国家发展改革委等 9 部门联合印发了《科技支撑碳达峰碳中和实施方案（2022—2030 年）》，提出"加强气候变化成因及影响、陆地和海洋生态系统碳汇核算技术和标准研发，突破生态系统稳定性、持久性增汇技术，提出生态系统碳汇潜力空间格局，促进生态系统碳汇能力提升"。

　　"十四五"时期是实现碳达峰及转向碳中和的关键期和窗口期。《中华人民共和国国民经济和社会发展第十四个五年规划和 2035 年远景目标纲要》明确了"落实 2030 年应对气候变化国家自主贡献目标，制定 2030 年前碳排放达峰行动方案""锚定努力争取 2060 年前实现碳中和"的具体目标。然而，实现"双碳"目标时间紧、任务重，面临一系列重大挑战。首先，部分地方政府及企业对"双碳"认识不足，开展"运动式减碳"；其次，地方政府和重点企业对自身碳排放情况和生态系统碳汇能力缺乏清晰认识，缺少系统性、全局性、长远性的"双碳"行动方案；再次，我国绿色低碳转型亟须摆脱路径依赖，需要通过数字化手段实现转型升级和跨越式发展；最后，数字基础设施存在高能耗问题，在服务其他行业低碳化、数字化、智能化转型过程中，如何降低数字基础设施自身碳排放，推动"双碳"目标与数字经济协同发展，也是数字经济绿色发展中亟须解决的问题。

第二节　数据为中国式现代化建设带来新机遇

随着人类社会从信息技术（IT）时代进入数据技术（DT）时代，数据已经成为经济社会发展的重要基础性资源和生产要素，数据驱动的数字化转型正成为新发展阶段构建新发展格局和实现高质量发展的重要引擎，数据基础设施也成为孕育新发展阶段的新增长点和增长极的新动能。

当前，以数据为核心要素的数字经济正深刻影响政务服务创新、生态文明建设、科技创新及产业结构调整。发展数字基础设施和数据要素驱动的数字经济，成为加快数字中国建设、构建新发展格局、推动高质量发展、推进中国式现代化建设的核心议题。

党中央、国务院高度重视数据在推动社会经济高质量发展中的角色与作用。2014 年，大数据首次写入国务院政府工作报告，逐渐成为各级政府关注的焦点。2017 年，党的十九大报告提出要"推动互联网、大数据、人工智能和实体经济深度融合"。随后出台的《大数据产业发展规划（2016—2020年）》正式对大数据产业做出专门规划。2021 年 3 月公布的《中华人民共和国国民经济和社会发展第十四个五年规划和 2035 年远景目标纲要》明确提出："迎接数字时代，激活数据要素潜能""加快建设数字经济、数字社会、数字政府，以数字化转型整体驱动生产方式、生活方式和治理方式变革"。

中共中央、国务院也高度重视数字基础设施和数据要素在赋能社会经济发展中的角色与作用。党的十九届四中全会首次将"数据"作为生产要素。此后国家出台相关发展规划，加快培育数据要素市场，创新数据要素开发利用机制。2020年4月，中共中央、国务院正式发布《关于构建更加完善的要素市场化配置体制机制的意见》，要求"加快培育数据要素市场""提升社会数据资源价值""加强数据资源整合和安全保护"。2021年3月，《中华人民共和国国民经济和社会发展第十四个五年规划和2035年远景目标纲要》明确提出："建设高速泛在、天地一体、集成互联、安全高效的信息基础设施"。2022年6月，中央全面深化改革委员会第二十六次会议审议通过《关于构建数据基础制度更好发挥数据要素作用的意见》，提出"探索建立数据产权制度""建立公共数据、企业数据、个人数据的分类分级确权授权制度""建立数据资源持有权、数据加工使用权、数据产品经营权等分置的产权运行机制""建立健全数据要素各参与方合法权益保护制度"。

党的二十大报告明确提出要"加快建设制造强国、质量强国、航天强国、交通强国、网络强国、数字中国"。2022年10月28日，国务院办公厅印发《全国一体化政务大数据体系建设指南》，提出"形成全国政务数据'一本账'""充分发挥政务数据在提升政府履职能力、支撑数字政府建设以及推进国家治理体系和治理能力现代化中的重要作用"。2022年12月19日，中共中央、国务院正式发布《关于构建数据基础制度更好发挥数据要素作用的意见》，提出"建立保障权益、合规使用的数据产权制度""建立合规高效、场内外结合的数据要素流通和交易制度""建立体现效率、促进公平的数据要素收益分配制度""建立安全可控、弹性包容的数据要素治理制度"，并提出二十条政策举措以"激活数据要素潜能，做强做优做大数字经济，增强经济发展新动能，构筑国家竞争新优势"。2023年2月27日，中共中央、国务院印发了《数字中国建设整体布局规划》（简称《规划》）。《规划》指出建设数字中国是数字时代推进中国式现代化的重要引擎，是构筑国家竞争新优势的有力支撑。加快数字中国建设，对全面建设社会主义现代化国家、全面推进中华民族伟大复兴具有重要意义和深远影响。《规划》明确,强化数字技术创新体系和数字安全屏障"两大能力"。《规划》强调,开展数字中国发展监测评估,将数字中国建设工作情况作为对有关党政领导干部考核评价的参考。

数字经济和数智技术为"双碳"目标实现和能源数字化转型提供了新的发展机遇。数智技术是推动智能时代信息产业发展的技术集合。包括5G传输、物联网、云服务和云计算、大数据和人工智能等技术。数智技术源于数字技术,比数字技术更强调数据要素的精准化开发和智能化应用,是链接可信数据与实际场景的新产物。

一方面,数智技术正在重塑产业格局。数智化时代,数据要素驱动数字化转型已成为行业共识。数智技术是利用数据要素实现社会经济绿色可持续发展的新引擎。数智化的城市治理、医疗、农业、交通,乃至元宇宙等全新应用场景,大幅拓展了数字化的范畴。数智技术助力社会经济发展的边界已从现实空间延伸到网络虚拟空间,也将进一步推动外贸经济向数智化转型。

数智技术将有效赋能节能减排工作,助力实现"双碳"目标。数智技术与能源、制造、交通、建筑等高碳排放领域深度融合,可构建清洁低碳高效的能源体系,提升资源与能源利用效率,推动产业结构优化转型升级,实现社会经济绿色化、智能化发展,最终降低全社会总能耗。通过将数智技术与行业特有的知识、经验、需求相结合,推动各行业尤其是能源行业的数智化、电气化、低碳化转型,促进经济社会系统各领域资源能源利用效率提升和能源结构清洁化,以能源数字化推动能源低碳转型。

另一方面,日益健全完善的数据产权运行机制为碳中和价值转化机制提供了重要支撑。国家层面正在积极推动建立健全国家公共数据资源体系,确保公共数据安全,推进数据跨部门、跨层级、跨地区汇聚融合和深度利用。构建统一的国家公共数据开放平台和开发利用端口,开展政府数据授权运营试点,鼓励第三方深化对公共数据的挖掘利用,为数据助力"双碳"战略目标实现奠定坚实基础。依靠数字经济相关技术和基础设施,建立从生产、存储、运输、利用处置到环境容纳的全生命周期闭环监管,推动碳排放数字化、透明化,摸清各行业碳排放家底,为制订科学、系统、全面、有效的"双碳"

方案奠定基础，为碳市场的有效运行提供基础保障，全面提升碳减排治理能力。

第三节 碳中和背景下数据价值化面临的问题和挑战

一、数据基础设施助力实现"双碳"目标的现实挑战

一是数据基础设施绿色低碳运行成本高、压力大。数据要素是数字经济时代的核心战略资源，但数据存储成本高、算力能耗高，给数字经济可持续发展和数据要素价值化带来巨大挑战。《2019中国企业绿色计算与可持续发展研究报告》指出，我国85%的数据中心PUE值为1.5—2.0，运维能耗成本占总成本的40%—60%，且磁盘列阵每隔3—5年就需进行设备更换，大量淘汰设备也存在资源浪费、环境污染的风险，更不利于数据中心实现海量数据的长期永久存储，数据基础设施绿色低碳运行面临巨大压力。[1]

二是区域行业数智化、低碳化高质量发展协同难。当前科技发展呈现数智化和低碳化两个趋势，高质量发展目标的实现需要在区域和行业两个层面同时兼顾这两个趋势。区域层面，我国区域发展差异大，无法保证绿色化数据基础设施建设运营和地方发展能够齐头并进，区域数智化、低碳化高质量发展协同难。行业层面，实现"双碳"目标面临包括政策、技术、标准、国际接轨等在内的一系列难题和挑战，加之数智化和低碳化未完全融合，需要破解产业、法律、科技、制度、金融、安全等多行业、多领域全方位协同的阻碍。[1]

三是"双碳"多线程、多路径目标实现阻力大。实现"双碳"战略目标是一项系统工程，有着多线程、多路径的目标实现路径。产业绿色转型是"双碳"目标的核心关键，推进绿色转型需要培育新兴产业、汇聚产业集群、科技创新驱动。碳中和是"双碳"目标的标准度尺，无论是政府、企业、个人，还是区域和城市，都需要有具体的评价标准和明确的实施规范，来度量

实现碳中和的进展程度。建设美丽生态和美好生活是"双碳"目标的终极目的，需要运用政策、法律、财税、金融等多种工具，支持碳中和数据基础设施建设，实现气候减缓、节能减排、生态恢复、环境保护、经济发展等多项目标协同。[1]

二、能源和碳汇数据利用开发促进"双碳"实现新模式

能源是最主要的碳排放源。能源大数据的定义是与能源资源禀赋、开采加工、运输配送、能源转化、能源消费等能源全生命周期相关的全部数据，涵盖煤油气电及新能源等各能源品类资源生产供应、资源转储、消费投资等全过程数据，以及相关宏观经济运行、地理气象、生态环境、交通运输等跨部门、跨领域数据。综合来看，宏观数据有宏观经济运行、产业政策、发展规划、体制改革等方面的数据，是实现政府能源监管、社会能源信息共享、提升企业运行效率的重要手段。[2]

《中国大数据产业发展前景与投资战略规划分析报告》显示，能源大数据是将电力、燃气、石油等能源领域数据及人口、气象、地理等其他领域数据进行综合采集、加工、挖掘与应用的总称。能源大数据不仅是大数据技术在能源领域的深入应用，更是能源生产消费和能源技术革命与大数据理念的深度融合应用，将加速推进能源产业发展及商业模式创新。

能源大数据中心正在逐步从基础设施向包含资源运营、政府决策、公共服务、生态构建等价值活动的能源数字共享服务平台转型，逐渐成为赋能政府、促进产业、服务公众的"能源大脑"。基于能源数据与多种数据的融合创新场景应用，进而形成统一的能源数据共享开放平台，可直接在强化经济治理能力、丰富社会治理手段等方面服务政府。利用数据技术盘活存量企业经济能效，降低能源企业成本，可以弥补现有技术手段对能源投资评估的时效性不足，实现可行技术优化和政府企业多类主体的共赢格局。[3]

"双碳"战略目标对能源低碳化、数据化转型提出更高要求，如何抓住数字经济发展和数据要素构建的新机遇，依托大数据深入挖掘数据资源深层价值，在助推能源电力等行业内部数字化转型的同时，进一步服务于我国各领

域各行业的低碳发展，成为亟待解决的问题。因此，对能源大数据利用开发以助力"双碳"目标实现的模式进行系统性研究，具有重大理论和实践意义。

碳汇和碳源是一组相对的概念。据《联合国气候变化框架公约》对碳汇和碳源的定义，碳汇是从大气中清除或吸收二氧化碳等温室气体的过程或活动，碳源是指向大气排放二氧化碳等温室气体的任何过程或活动。对于不受人为干扰的自然生态系统，通常使用净生态系统生产力（Net Ecosystem Productivity，NEP）这一指标来测度碳源汇。NEP 是指自然界中生态系统光合作用固定的碳与呼吸作用释放的碳的差额，如果 NEP 为正值，该生态系统为碳汇，反之则为碳源[4-5]。考虑在生态系统中会发生如火烧、采伐、病虫害、农林产品收获等非生物呼吸代谢的干扰，在此基础上把 NEP 的概念扩展到更大的时空尺度上，将包括这些过程的净生态系统碳平衡称为净生物群区生产力（Net Biome Productivity，NBP）。在实践中，碳汇功能也称为固碳功能[6]，通常是指自然界中或在人为活动影响下，吸收大气中的二氧化碳并将其固定和储存在植物、土壤、海洋等空间从而减少大气中温室气体的过程。基于《联合国气候变化框架公约》和《京都议定书》对各国分配的碳排放指标，碳汇交易作为一种虚拟交易被创设出来，可以通过在碳市场中投资碳汇项目或直接购买碳汇的方式完成减碳目标。碳汇是未来我国实现碳达峰并最终实现碳中和的有效途径之一。碳汇数据包括对碳汇存量、碳汇潜力变化、碳汇价格波动的监测与评估。

数字经济是低碳绿色发展的重要引擎，低碳目标是数字经济发展的绿色基石，自然资源碳汇、碳补偿、碳交易是实现低碳目标的重要方式，这些都需要以碳源和碳汇相关大数据的利用开发为基础。因此，碳源和碳汇大数据利用开发成为当前基于数据运营，实现"双碳"战略目标的核心议题和重要实践。为推动"双碳"目标与数字经济高质量协同发展，要加强顶层设计和战略规划，加强数字碳汇基础支撑研究，加大数字技术与碳源碳汇应用场景的拓展，完善碳源碳汇制度和机制体系建设，分领域分步骤分阶段开展相关数字化平台建设。

三、数据价值化本身面临的问题和挑战

数据作为全新的生产要素，其内涵特征和资本化、市场化、证券化、价值化逻辑与土地、人才、资本等传统生产要素有显著差异，需要全新的治理机制和治理模式。加上在实践过程中缺乏成熟的数据要素市场培育机制、运行模式和治理经验，数据要素市场的有序、高质量发展和健康高效培育受到多重限制。各级政府在制定政策和落实精神的过程中面临着包括技术、制度、法律等多重原因所带来的数据要素确权难、共享难、开放难、治理难、定价难、安全保障压力大和市场监管效率低等一系列现实挑战和突出"瓶颈"问题。集中体现为以下几个方面。[7]

（一）数据要素培育和监管的系统性顶层设计缺失

当前全国范围内地方数据运营体系和监管体系做了许多积极探索和创新突破，基本形成省市各级相关委办局、大数据（管理）局、大数据中心多方协调的监管配置模式，数据交易所（中心）+国资运营平台等数据运营模式，同时也积极探索成立国资控股的地方性数据集团等服务数据确权授权、安全治理、融通交易的专门市场主体，共同培育和监管数据要素市场。随着国家数据局的挂牌以及地方各级行政机构配套，后续数据要素市场培育和监管的系统性顶层设计主要集中在市场主体和产业领域。

（二）数据要素市场化的多元参与主体协同不足

数据要素市场化主要分为场内和场外两个方面。场内方面，当前全国主要经济大省广东、江苏、河南、上海、北京、福建等均建设了地方政府支持的数据交易所或交易中心，作为本地化数据交易平台，培育本地场内数据要素市场。场外方面，两方点对点交易、多方撮合交易等多种形式并存。尤其是当前数据交易入场动机不强和动力不足，数据交易主要集中在场外，数据要素市场的培育和监管，既需要国家发展改革委、工业和信息化部、国家金融监管总局、国家数据局等政府业务主管部门共同参与场内市场建设，也需要数据供给方、需求方、加工治理、会计仲裁、数据经纪等多种角色协同配

合，更需要市场监管、司法、网信等政府部门协同参与场外市场培育和监管，最终实现对场内和场外数据要素市场的协同培育和共同监管，形成分行业、分区域监管和跨行业、跨区域协同监管的健康格局。

（三）数据要素市场标准化建设和统一监管体系缺乏

2022 年 4 月，中共中央、国务院在印发的《关于加快建设全国统一大市场的意见》中明确提出"探索研究全国统一大市场建设标准指南，对积极推动落实全国统一大市场建设、取得突出成效的地区可按国家有关规定予以奖励"。高质量建设数据要素全国统一大市场，是推动我国统一大市场从有到优、从大到强的坚实基础。但夯实这一基础，也需要在多元化、多样化、多层次的地方数据要素市场探索的基础上，进行数据基础制度、数据统一流通和计量标识、数据确权授权流程、数据治理流程和安全规范等多领域的标准化建设，更需要中央数据要素监管体系同地方数据要素监管体系协同开展数据要素市场运营的统一监管。缺乏标准化建设和统一监管，数据跨境流通、服务和交易就不可避免地会受到制度性空白的阻滞，也将制约中国打造成全球数据跨境流通贸易中国汇聚节点和结算中心的进程。此外，数据要素市场标准化建设和统一监管体系的缺位，使得中国数字经济部门和市场主体在进行数据要素国际化配置的过程中，难以有效兼顾国家数据安全，甚至会诱发威胁国家数据主权的相关风险。

（四）建设数据要素全国统一大市场机遇与挑战共存

当前全国统一大市场的建设阻碍，主要集中于要素市场领域，体现为要素市场分割、要素交易融通壁垒等，尤其在数据要素市场建设方面尤为突出。2015 年至今，虽然我国陆续建设了贵阳大数据交易所、北京国际大数据交易所、重庆西部大数据交易所、郑州数据交易中心等一系列数据要素市场培育场所，在数据资产化方面探索了数据交易平台、数据银行、数据中介服务、数据信托等模式，但当前中国数据要素市场化建设仍处于早期阶段，在数据权属界定、数据资源开放、数据交易规则、数据资产定价、数据平台监管等方面都存在着欠缺，还面临着数据统筹力度弱、数据资源配置少、数据市场监管弱和数据安全保障难等困难，这些都严重制约了数据要素市场化体系建设以及数据要素潜能的释放和发挥。

建设数据要素全国统一大市场也面临着巨大机遇。一是构建以数据为关键要素的数字经济，实施国家大数据战略，保障数据安全，推动数据要素市场的培育和发展，推动政务数据、公共数据和社会数据开放共享与交易流通，是党的十八大以来高度重视的战略任务；二是相比于其他生产要素市场，数据要素市场培育建设才刚刚起步，更容易在战略层面做好顶层设计，在实施层面贯彻执行，在应用层面和当前科技发展充分融合，充分发挥数据要素的赋能价值。[8]

如何突破上述突出"瓶颈"，实现数据高效流通、融合与变现，成为数据要素市场化培育的重中之重。在此过程中，数据运营平台和数据交易所（中心）作为数据流通的服务者和中间商，既是数据交易的组织者，也是交易活动的参与者，是联结数据供需双方的重要桥梁和纽带，兼具市场监管主体和被监管对象的双重角色[7]，在数据要素市场体系和监管体系建设中有着不可或缺的价值。

第四节　本书的目的、意义和内容

"双碳"工作作为一项长期工作，既要防止"运动式减碳"，也要通过数字化技术手段，摸清碳排放和生态系统碳汇的家底，为制订科学、系统、全面、有效的"双碳"方案奠定基础。同时要认识到，绿色低碳转型需要依靠数字经济相关技术和基础设施，完善和建立健全绿色转型体制机制，用市场机制来引导企业和消费者的行为，推动重点行业特别是能源行业数智化、低碳化转型，摆脱高碳排放发展的路径依赖。总之，实现"双碳"目标，离不开数智化、低碳化的数据基础设施支持，同时也面临如下关键问题——如何有效协同解决降碳和保障高质量发展的能源需求之间的矛盾？如何有效推进"双碳"顶层设计，推行系统性、全局性、长远性的"双碳"行动方案？如何发挥数据对市场主体有效赋能的作用，实现其对自身碳排放情况和碳汇能力进行系统评估，进一步帮助其摆脱绿色低碳转型发展过程中的路径依赖，协同推进"双碳"目标和数字中国建设？如何有效推动数据要素市场培育，推进数据价值化机制研究和应用探索？

对此，本书针对新发展格局下"双碳"目标这一重大场景需求所面临的机遇与挑战，结合数据要素驱动创新发展和数据基础设施赋能数智化转型的本质特征，建构"数据–机制–使能"过程视角下数据基础设施赋能"双碳"工作的动态整合理论模型，系统阐述了通过碳中和数据银行这一典型数据基础设施助力"双碳"目标实现的动态过程机制[1]，以及这一动态过程机制应用的现实挑战，有针对性地提出通过制度创新和技术创新双轮驱动，打通"双碳"数据融通壁垒，健全和完善数据基础设施，加快实现"双碳"目标和数据价值化的政策建议。不但为破解经济高质量发展和保障能源安全之间的矛盾，打开数据要素赋能产业数字化、智能化、低碳化、绿色化发展的"过程黑箱"提供崭新的理论视角，更为有效破解数字经济发展挑战、加速数据基础设施助力"双碳"工作，整合推进实现数字中国与"双碳"目标，加快新质生产力发展提供实践启示[1]。

本书组织结构如下：第二章对现有碳中和数据要素相关文献进行综述，提出本书对现有知识、方法和技术的补充、完善和贡献；第三章建成"数据价值化动态机制整合模式"，介绍碳中和背景下数据价值化相关动态机制及平台技术，主要涉及数据基础设施、数据确权登记、数据授权运营、数据资产评估、低碳场景应用和要素市场培育等部分；第四章详细介绍数据价值化实践路径，主要包括横向数据确权授权运营、纵向数据资产评估和行业数据基础设施使能三个部分；第五章论述数据要素生态建构赋能高质量发展，主要有数据要素价值化生态系统建构与市场化配置机制、数字基础设施赋能区域创新发展的过程机制两部分；第六章介绍面向碳中和的数据要素价值化实践探索，主要有数据要素市场培育的河南探索、数据驱动智慧城市的开封探索、数据要素生产资料化的兰考探索、零碳数据湖的易华录实施探索和北斗高精度定位技术在自然资源调查领域的应用探索五个部分；第七章对本书总体研究和创新贡献进行总结，对研究局限和进一步研究进行展望。

第二章 研究进展及应用回顾

第一节 碳中和相关研究及应用回顾

一、碳中和路径理论机制

目前学术界从不同视角对"双碳"目标的实现路径与理论机制开展了大量研究。张贤等[9]从技术路径视角对我国碳中和的技术发展总体目标、主要行业技术发展需求、亟须优先部署的技术突破方向进行了探讨；李晋等[10]对我国电力部门生物质能源技术的国内外发展现状、技术可行性、资源可行性、经济可行性和环境影响进行了评析；王灿等[11-13]从政策角度梳理出基于高能效循环利用技术、零碳能源技术、负排放技术的碳中和愿景政策体系，提出须在充分考虑社会路径与技术路径高度融合的基础上，制定科学的政策体系，以形成系统有效的激励机制。在减排实现路径方面，众多学者从全国、区域、园区、行业等不同维度对碳中和目标的实现路径、减排潜力、减排成本收益等进行了探索研究，清华大学气候变化与可持续发展研究院项目综合报告编写组[14]采用"自下而上"和"自上而下"相结合的研究方法，对我国 2020—2050 年不同碳减排情景下工业、建筑、交通等终端用能部门与电力系统、能源部门的减排路径、减排成本进行了深入分析。郭扬等[15]基于指数分解的园区碳减排潜力评价方法，对我国工业园区四种碳减排路径的减排潜力进行了定量分析，通过产业结构调整、能源结构优化、能效提升和碳捕集等减排路径，2015—2050 年全国园区预期可减排二氧化碳 18 亿吨，2015—2050 年全国园区预计可在 2015 年基础上减排 60% 以上。

二、数字化赋能"双碳"研究

当前数字经济蓬勃发展，数字技术对"双碳"目标实现具有重要战略意义。陈晓红[16] 等分析了大数据、人工智能、区块链、数字孪生等数字技术助力我国能源行业实现"双碳"目标的主要路径。彭昭[17] 分析了物联网助力碳中和的路径及其在电力、建筑、工业、交通、农业领域的应用。郭丰等[18] 通过实证分析，发现城市绿色技术创新水平可以借助数字经济显著提升，城市碳排放水平可以通过绿色技术创新作用机制显著降低。林达[19]、贾峰等[20]、罗亚等[21] 分别对数字技术助力能源领域碳减排、低碳消费、低碳出行、国土空间治理的"双碳"转型路径进行了探讨。王于鹤等[22] 分析了数字化助力能源领域碳减排的实施路径。

数字经济与碳中和是当前中国政府报告的两大主要关键热点，当前中国经济正处于数字经济快速发展、"双碳"目标时间紧任务重的创新高质量发展阶段。国内学者从多维度探讨了数字经济对"双碳"目标的作用，且政策导向性影响下其作用主要是正向的。如乌彩霞从能源流和资源流维度，定量分析了数字经济如何通过优化能源结构和提升资源利用率等路径，对低碳产业起到正向驱动效应[14]。但该论证一方面采用目标倒推法，排除了数字经济自身碳足迹因素，容易导向数字经济等于零碳的误区；另一方面采用静态的短期评估法，忽视长时间段内数字经济存在生产率悖论的可能性，这不仅不利于探索数字经济与低碳产业间是何种辩证关系，也无助于推动未来两个变量的有效融合。郑馨竺等动态地评估了疫情后若以数字经济作为主导的经济发展模式，可以避免以绿色为妥协来进行大规模的经济刺激[15]。但该论证为关注数字经济的碳排放问题，且忽视了数字经济与绿色发展的核心与边缘区存在差异[23]。

从产业发展角度，数字化过程可以促进技术创新，有助于优化产业结构、提升资源利用效率、提高能源使用效率、促进能源技术创新、优化能源结构、促进新能源发展。同时，数字化过程有助于完善企业碳排放信息披露，并缓解能源供给端和需求端的信息不对称[24]。

数字经济通常以数据为核心要素，数据具有非消耗性、共享性、非排他性和非稀缺性等特征，可替代原有生产消费方式，提升传统资源能源的利用效率，大幅降低生产成本，降低环境影响程度。数字经济促使行业上下游体系协同增效，推动传统线性价值链向循环价值链转型，使整个产业链连接更加紧密、反应更加智能、整体更加高效，进而大幅减少资源和能源消耗。数字经济相对于传统工业模式有助于碳减排和碳交易市场的培育[23]。尹西明等[25]认为数据银行是基于数据要素的社会属性，在对海量数据的全量存储、全面汇聚、规范确权和高效治理的基础上，借鉴"类银行"模式理念，对数据进行资源化、资产化、资本化、证券化和价值化，最终实现数据的交易融通和应用增值，是数字经济时代数据要素市场化配置下的新业态、新模式，可结合不同的运营场景和发展需求赋能绿色低碳发展。

目前国际社会数字技术减碳、对产品进行数字碳追踪尚处于前期起步和探索阶段。2021年12月，世界经济组织发表《数字追踪如何减少工业碳排放》的文章，提出建立一个原材料和货品的高效、可靠和高精度的碳追踪系统，可以有效地帮助企业实现碳减排目标，并强调利用数字技术追踪产品可持续性。微软、爱立信等公司也正在加紧布局数字技术对于碳减排和碳足迹追踪的研究。2020年，微软推出适用于微软公有云平台客户的"可持续发展计算器"，给企业级客户提供减少碳排放量的解决方案；爱立信发布《数字碳足迹快速指南》，着重提出针对ICT行业的碳足迹追踪和碳减排方案。

国家正在对建立产品全生命周期碳足迹追踪体系做顶层规划。2021年11月，商务部发布《"十四五"对外贸易高质量发展规划》，提出"坚持绿色引领，加快绿色低碳转型"。这是贸易高质量发展的基本原则，也是贸易创新的重要方向。落实中国政府"双碳"战略决策，坚定走生态优先、绿色低碳的贸易发展道路，建立健全绿色标准、认证、标识体系，推动国际合作和互认，为"十四五"期间重点推进的建设工作。探索建立外贸产品全生命周期碳足迹追踪体系，鼓励引导外贸企业推进产品绿色环保转型。

各省也积极推动外贸领域碳足迹追踪体系建设。以四川省为例，2021 年 12 月，《中共四川省委关于以实现碳达峰碳中和目标为引领推动绿色低碳优势产业高质量发展的决定》中明确指出："发挥自贸试验区等开放平台作用，积极开展碳足迹认证与应用，大力发展绿色低碳外贸，推动建设国家绿色外贸示范区"。

国内部分企业也在尝试利用数字技术开展碳足迹追踪。2022 年 2 月，南方电网发布国内首个结合数智技术搭建的碳追踪体系——碳监测与碳追踪数据共享服务平台。依托自身数据中心构建的统一数据底座，汇聚电能生产、传输、使用全链条数据，建立电-碳足迹模型，完成大规模数据的获取、清洗与治理，突破碳足迹测算数据碎片化的现实障碍和技术"瓶颈"，推动为碳排放核算提供完整的数据支撑。依靠大数据和云计算技术，该平台在短时间内完成了近 5 年来南方电网五省区碳排放因子的测算，提高了测算值的时效性和准确性，优化了全国碳排放量计算，夯实了科学决策基础。

三、能源大数据利用研究

随着能源领域数据量的爆发式增长，开展能源大数据开发利用研究，挖掘能源大数据中隐藏的经济、社会价值，意义重大。能源大数据对能源企业具有重要价值。将能源生产消费数据与内部智能设备、电力运行、客户信息等数据结合，挖掘客户行为特征，发现电力消费规律，提高能源需求预测准确性，提升企业运营效率。对于电力企业，该模式能够提高企业经营决策中所需数据的深度与广度，增强对企业经营发展的前瞻性和洞察力，有效支撑企业决策管理[26]。蔡桂华等[27] 基于海量数据，建设了面向新能源管理的区域新能源管理系统，以实现更为精准的新能源监测与协调控制。杨文涛等[28] 开发多功能大数据服务平台进行电动汽车充放电管理，改善系统负荷。李俊楠等[29] 建立了面向电力能源大数据的大数据平台，对其在线损治理、环境污染防治、负荷预测等方面的应用进行了探索。王圆圆等[2] 面向政府、企业、公众三大类服务对象，构建了能源大数据多元化应用系统，并对其在能源监测预警和规划管理、"互联网+"便民服务场景的应用进行了深入分析。刘永辉等[30]对电力市场大数据在市场主体用户画像分析、精准化推送服务、电力市场主体征信评估、运营大数据分析、多能流市场化交易等业务场景中的应用进行了探讨。

四、碳汇大数据利用研究

目前我国碳汇交易主要集中在林业，主要有国家核证自愿减排量机制下的林业碳汇交易（Chinese Certified Emission Reduction，CCER）、地方核证自愿减排量机制下的林业碳汇交易。国际核证碳汇交易主要有清洁发展机制（Clean Development Mechanism，CDM）、核证碳标准（Verified Carbon Standard，VCS）等。CCER 是国家发展改革委于 2013—2017 年在 200 个 CDM 方法学基础上，结合方法学的使用频率、国内适用性、复杂程度等，形成的 12 批近 200 个适用于中国国情的国家温室气体自愿减排方法学备案清单，碳汇获得主体可以在北京绿色交易所、天津排放权交易所、上海环境能源交易所、广州碳排放权交易中心、深圳排放权交易所、湖北碳排放权交易中心、重庆联合产权交易所、四川联合环境交易所、海峡股权交易中心进行碳汇交易。2023 年 7 月，全国温室气体自愿减排交易系统开通开户功能，接受市场参与主体对登记账户和交易账户的开户申请，预示着中国 CCER 市场进入重启阶段。

碳汇是未来我国实现碳达峰并最终实现碳中和的重要且不可或缺的负碳排放途径。碳汇数据就是对碳汇和碳汇载体相关的存量、潜力、价格波动等数据的统称。具体包括和碳汇相关的系统平台建设、观测、管理中收集到的农业、林草、湖海、地质数据，地方政务数据中企业个人权属数据、生态资源等公共数据，遥感时空数据、土壤地质数据、气候气象数据和环境生态数据。尤其是在"双碳"目标的背景下，中国学者在碳中和领域的文献发表量呈现快速增长趋势。对碳中和相关文献进行的文献计量学分析表明，国外学术界的研究前沿聚焦在森林碳汇、全球碳市场、碳交易系统设计、碳补偿技术和碳泄漏等关键难题上[31]。围绕着碳足迹的基础研究与动态监测、低碳产业相关技术攻关与应用、实现碳中和的政策框架和路径设计等方面是国内外的重大科学研究主题[32]。从研究热点的时间演进上看，主题从宽泛的低碳经济、节能减排向精确的碳足迹测算转变，从对全球气候问题的基本认知向解决问题的路径与模型转变[32]。

为了实现数据资源资产化，数据银行是一种聚集数据资源、促进数据流通、释放数据红利、助力数字经济的新模式和新业态[33]。目前对数据银行应用场景的构建主要包括医疗卫生、司法存证、教育行业、前沿科学、城市基础设施等领域[34]。电子商务精准营销[35]、国土测绘实景三维建设[36]、学术论文关联数据[37]、医疗数字化建设[38] 等场景均有相关的数据银行研究，但目前尚缺少面向碳中和等重大战略性议题和碳汇等场景的机制研究。

虽然农业经济、贸易经济、经济理论、经济体制改革等社会科学领域都在关注碳汇研究，但在现有研究的主题中：一方面，碳汇种类集中在森林碳汇，对海洋碳汇、地质碳汇的研究处于起步阶段；另一方面，对碳汇的核算监测、效益评估还在探索阶段，对空间、地面、海洋等碳汇研究仍处于各自为政的状态，尚未形成一体化模式，碳汇大数据开发利用新机制、新模式研究还有很大空间。

第二节 数据价值化研究及应用回顾

一、数据要素价值特征

数据时代数据要素具有"五个 V"的典型自然属性特征，即 Variety（种类）、Volume（数量）、Value（价值）、Velocity（速度）和 Veracity（真实性）[39]。随着数据要素和人类生产生活的关系越来越密切，数字中国成为国家高度重视的发展战略，数据在产生、存储、运算、传输以及赋能产业的过程中，呈现出相互关联但差异化的社会价值[40]，尹西明和陈劲等[41] 学者总结其为大数据"5I"社会属性特征，即 Integration（数据整合）、Insight（数据洞察)、Interconnection（数据融通）、Iteration（数据复用）和 Improvement（数据赋能）。

数字技术是对信息用计算机可识别的语言进行运算、存储、传输和还原等处理过程的科学技术，可显著促进社会信息化、智能化水平提升，推动资源有效配置[16,42]。数字技术具有可编辑、可追溯、可扩展、可记忆、可感知、可联想与可供应等显著特征[43-44]，通过数字组件、数字平台和数字基础设施等工具技术平台，嵌入现有技术、产品和服务，可通过对数据要素的重新连接、组合、扩展和分配，重构产品和服务的边界，助推相关产业和机构产生新能力、催生新机会和构建新模式[45-46]。

综合来看，数据要素的自然属性和社会属性特征及数字技术对产业和创新体系的重构能力[47-48]，可推动数据要素的边际产出和规模报酬递增，推进数字技术赋能工业、能源等高排放行业的低碳化、智能化、数字化转型，使得以产业数字化和数字产业化为特征的数字经济成为中国中长期低碳路径转型的关键选择和崭新动能[14,49]。

二、数据基础设施内涵

根据现有文献研究和政策体系设计，本书梳理了数据基础设施和新型基础设施、关键信息基础设施、数字基础设施之间的区别及联系（见图 2-1 和表 2-1）。

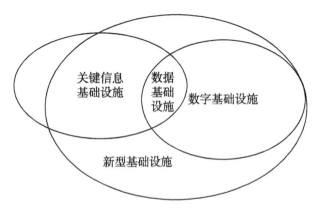

图 2-1　数据基础设施与其他三种基础设施的区别与联系示意图

表2-1 数据基础设施与其他三种基础设施的具体内容

设施类型	具体内容
新型基础设施	包含创新、融合、信息等三类基础设施
关键信息基础设施	公共通信和信息服务、金融、能源、水利、交通、电子政务、国防科工等重要部门或重要领域的重要网络设施、信息系统等
数字基础设施	数据中心、5G、人工智能基础设施、工业互联网和城市综合信息管理平台等
数据基础设施	数据存储中心、数据银行及数据湖、数据交易所（中心）等

数据基础设施和其他三类基础设施的共同之处是均属于基础设施范畴，具有公共性、基础性及强外部性三大本质属性，也有网络性、系统性、长周期性、规模经济性和普惠性五大典型特征。[1]

然而，各类基础设施的内涵又有着显著区别。新型基础设施有三类[1]：一是包含新技术和算力在内的信息基础设施；二是支撑传统基础设施转型升级的融合基础设施；三是支撑科技研发、产品研制的创新基础设施。关键信息基础设施指公共通信和能源、金融、交通、国防科工等关键部门、关键领域，关系国计民生、国家安全、公共利益的重要网络设施和信息系统[50]。数字基础设施主要有服务数字经济发展的数据中心、5G、工业互联网、区块链服务、人工智能等相关的基础设施，是新一代信息技术泛在化应用的平台性支撑[48]。

数据基础设施是数字经济时代的底层基础设施，也是数字基础设施中的关键基础设施，是数字基础设施和关键信息基础设施的交叉部分，包括数据存储中心、数据湖、数据交易所（中心）和数据银行等[1]，发挥着将电力能源转换为算力资源和加速数据要素价值释放的关键支撑作用[30]，主要体现在两个方面。一是数据基础设施对电网有着需求侧调节作用，具备电力实时响应、可转移及调节能力，促进电力资源的优化合理分配，从而降低能源消费和用电负荷。2021年5月，国家发展改革委印发《全国一体化大数据中心协同创新体系算力枢纽实施方案》，提出要"建设全国一体化算力网络国家枢纽节点，发展数据中心集群，引导数据中心集约化、规模化、绿色化发展""加快实施'东数西算'工程，提升跨区域算力调度中心"[51]。二是电网电力是驱动数据基础设施运转的动力，数据基础设施电力需求高、耗能规模大，数据基础设施自身面临低碳减排的巨大挑战。据《中国数字基建的脱碳之路》报告，2020 年中国数据中心和 5G 设施耗电 2 011 亿千瓦时，占全社会用电量比例为 2.7%；排放二氧化碳 1.2 亿吨，占全国二氧化碳排放量的 1%。随着数字经济持续发展，数据基础设施的耗电量和二氧化碳排放量将会持续提升。

在此背景下，从理论层面探究面向碳中和的新型数据基础设施如何协同推进数字中国战略和"双碳"战略，释放数据要素价值，赋能"双碳"目标的动态过程机制[1]，不但是学术研究面临的重要理论缺口，更是政策界和产业界面临的共同而紧迫的重大议题[52]。

三、数据授权运营研究

数据分类分级开放是公共数据"确权−授权−运营"的基础。在数据开放实践中，公共数据获取和利用的公平性、便捷性、生态性等方面面临多重难题和挑战[53]。中共中央、国务院发布的《关于构建更加完善的要素市场化配置体制机制的意见》明确提出："研究根据数据性质完善产权性质""加快培育数据要素市场"。因此，在数据要素交易市场培育维度下探究公共数据的权属及运营恰逢其时。同时，基于数据流转过程中各类产品及服务等的权利观念由所有权向持有权、处理权和运营权的转变，须进一步完善和细化数据产权多元共享的转型趋势。目前，各地方政府的公共数据权属主要有三种制度设计[54]：（1）不规定公共数据权属，仅明确公共数据开放利用基本原则，如 2019 年发布的《上海市公共数据开放暂行办法》提出，公共数据开放工作遵循"需求导向、安全可控、分级分类、统一标准、便捷高效"等原则；（2）明确规定公共数据国家所有的基本属性，纳入国有资产管理范畴，如《西安市政务数据资源共享管理办法》规范了包括所有权、管理权、采集权、使用权、收益权在内的政务数据资源权利的权属问题；（3）明确规定公共数据归政府所有，如广东省在《政务数据资源共享管理办法》中规定"政务数据资源所有权归政府所有"。

根据上述分析可知，围绕数据属性、行业性质、应用场景以及权属划分等多角度存在的不同分类分级方式，数据运营过程所需的思路和路径也有所差异，因此很难有单一的模型实现对数据的分类分级治理。根据上述分析可知，我国公共数据运营存在以下不足和短板。（1）数据要素市场体系建设中缺少"确权–授权–运营"的良性机制研究。目前，关于数据要素市场体系建设的研究多从国家级宏观层级或者省级市场入手，构建了场内市场与场外市场、一级市场与二级市场、专业市场与综合市场、区域性市场–全国性市场–跨境市场的多层级、多种类、多样化数据要素市场体系建设，从畅通国内大循环、促进国内国际双循环的目标出发构建区域市场一体化合作。但如何将数据要素市场体系建设细化到数据权属运营的各个环节，并保证可以在每个地级市落地实施，需要结合实践进行进一步探索[55]。（2）数据赋权问题的复杂性源于数据之上多元化的利益冲突形态，而架构数据财产权利体系最为核心的问题在于全面、妥善地容纳、协调数据之上多元利益冲突的可能方案[56]。作为围绕数据开展资产化、产品化、服务化和证券化服务的数据要素资产化服务与管理平台，数据银行模式包含数据存储保管、数据资产评估、数据交易运营、数据安全治理等方面的业务，以实现数据的价值增值和有效流通[41]，医疗健康领域的数据银行服务和相关研究是在公共数据方面的先行者[33-34]。但整体而言，面向数据基础制度体系等重大战略性议题的机制研究势在必行。

不同市场主体在数据要素的权益主张、保护需求、使用方式、利用能力等方面具有明显的多元化和差异性，只有形成明确的使用规则才能厘清数据权益配置的底层逻辑。明晰数据要素权属要对数据要素权属进行逻辑解构、概念拆分，需要明确数据要素权益的属性、涉及的主体以及如何进行权益划分等具体问题。本书提出了不同主体确权前提下的数据授权使用机制，进而梳理出科学可行的资源分配、价值流动的数据运营方式。

四、数据资产评估研究

数据资产是基于信息资源和数据资源衍生而来的[57]。信息资源是一种区别于人力资源、物质资源、金融资源和自然资源的新资源，20 世纪 70 年代，随着信息技术快速发展和信息量呈指数级增长，信息资源逐渐形成。数据资源一词首次出现[58]，包括使用媒体和跨文本、图像、声音、地图、视频和许多其他格式的对象，其中有含义的对象集结到一定规模后形成资源。

对数据资产内涵的研究经历了一个从模糊到清晰、从单一到多样化的过程。早期 Gargano 提出只要事物具有交换和商业价值，就可从资产的角度开展研究，数据可以通过挖掘来实现其潜在的交换和商业价值，应是一种特殊资产[59]。朱扬勇提出数字资产、数据资产和信息资产本质上是信息数据时代数字经济价值的一种生产力，可以统一为数据资产[57,60]。叶雅珍[61] 则将数据经济、数据资源、数据资产和数据资本等统一为数据范畴，强调数据作为一种资产的必要性和科学性。

随着数据资产的概念逐渐被学界关注、认同和解释，数据资产的属性、权属、定价、应用等方面的研究也逐渐出现。吴超[62] 对数据资产定价进行研究，认为数据资产存在无损性、规模性和异质性等属性。齐爱民等[63] 对数据资产属性进行研究，认为其具有资源的特征，可以满足特定场景和条件下人们的生产和生活需求。李泽红等[64] 认为数据资产具有价值，可参考企业的无形资产加以货币化。韩海庭等[65] 认为数据资产化是通过一系列定价机制及交易规则来确保数据主权；且数据资产可以自由流动，通过挖掘治理等方式获得收益从而实现数据资产化。祝子丽等[66] 认为可从行业相关数据资产分类、数据资产的知识产权管理和数据交易平台体系建设等方面开展数据资产的进一步深入研究。马丹[67] 梳理企业数据资产的理论基础，总结了企业不同类型数据的基本属性特征，确定了数据资产纳入企业资产的基本原则和必要条件。此外，数据资产产权、数据资产管理、开放等领域也广受关注[68-69]。

当前数据资产方面有着清晰、系统的研究体系，但城市数据资产关注度还有待提高。滕吉文等[70] 认为智慧城市是一个以互联网为主体、复杂的巨型系统工程，数据是智慧城市不可或缺的载体、发展与创造的驱动引擎。王静远等[71] 总结以数据为中心的智慧城市研究方向，梳理了城市数据类型及特点，如视频数据、手机数据、位置数据、社会活动数据等，数据具有数量大、尺度多、时空多维等特点，为城市数据资产化的应用层和价值层提供参考。吕颜冰[72]分析数字城市中数据的来源及其特征属性，为城市数据资产化提供了评估方向。尽管城市数据资产相关研究逐渐丰富，但总量仍然较少，以此为主题的文献在知网上仅有28篇，围绕城市数据应用的文献较多。

第三节　缺口与不足

综上所述，可以看到碳中和背景下数据要素价值化动态机制和应用研究存在以下不足。理论层面缺少确权登记、授权运营、资产评估、市场培育等相关理论研究支撑，技术层面缺少同步融合碳中和与数据价值化的技术平台，应用层面缺少面向碳中和的数据价值化跨行业应用和实践探索。具体而言：

一是当前有关碳中和理论的研究主要集中于碳中和目标的实现路径与理论机制，对数字经济尤其是数据要素价值的关注较少。在数字技术赋能碳中和的研究方面，当前研究主要集中在数字银行等数字化技术赋能"双碳"的相关路径及应用场景，缺少面向碳中和等重大战略性议题和能源等场景的机制研究。在能源大数据开发利用方面，主要集中在特定场景应用，缺少新机制、新模式研究。如何围绕能源数据的系统化、专业化和规模化应用，实现存量场景优化、增量业务创新以及社会化服务能力提升，是亟须突破的重点领域。

二是数字技术和数据要素对碳汇和碳汇数据价值实现的关注不足。自然资源碳汇、碳补偿、碳交易是实现低碳目标的重要方式，而这些都依赖于碳汇量与碳源量的测算。数字技术和数字经济是推进"双碳"目标的有力支撑。尽管碳中和研究从单一的能源领域扩展到了环境、技术、经济、政策等多个领域，但对数字经济尤其是碳汇数据要素价值的关注仍较为缺乏。

三是现有研究对数据价值化理论全流程的研究较少，对面向碳中和的数据价值化跨行业应用的研究不足。数据价值化是一项复杂的系统工程，需要梳理出全流程的理论研究。针对碳中和背景下的研究，比如如何通过构建能源数据全国统一大市场以持续推动数据应用赋能提质增效、赋能业务发展和综合社会治理，成为当前的迫切需要。如何结合现有数据运营体系探索并建立多层次、多样化、多领域的能源数据运维体系，实现能源数据应用从单一、零散、定向化向规模、融合、产业化转化，是当前的主要不足之处。

结合以上不足，本书综合文献研究、实地调研、案例研究和场景构建等方法，开展面向碳中和的数据价值化动态机制研究，以期打开碳中和背景下数据要素价值化动态机制的"黑箱"，并为数据价值化探索具体实践路径，赋能"双碳"目标与数字中国建设协同实现。

第三章 面向碳中和的数据要素价值化新理论与新技术

本章在碳中和背景下数据要素价值化现有研究不足的基础上，构建了解决这些不足的数据价值化动态机制整合模型。模型主要包括数据基础设施、数据确权登记、数据授权运营、数据资产评估、低碳场景应用和要素市场培育六个模块。该模型通过对碳中和背景下数据要素价值化动态机制与平台技术的梳理和整合，对发挥数据要素价值，在理论机制和平台技术层面赋能碳中和与数字中国战略目标实现，具有重要的现实意义。

第一节 数据基础设施

尹西明等[25]学者指出，对海量数据的全面汇聚、全量存储和高效治理的基础上，基于数据要素的社会属性，在安全监管和合理授权的前提下，对数据进行资源化、资产化和价值化，最终实现数据的交易融通和应用增值，是数据经济时代推进数据要素市场化配置的全新理论模式。本书应用数据银行这一数据要素价值化理论模式[14]，结合数据要素的"5I"社会属性和数据基础设施的功能属性，提出"数据–机制–使能"视角下，以碳中和数据银行为代表的数据基础设施助力"双碳"目标的动态整合理论框架（见图3-1）。

概言之，碳中和数据银行作为典型的数据基础设施，基于数据银行这一全新的理论机制和业务模式，通过与碳中和相关的政府数据、行业数据、企

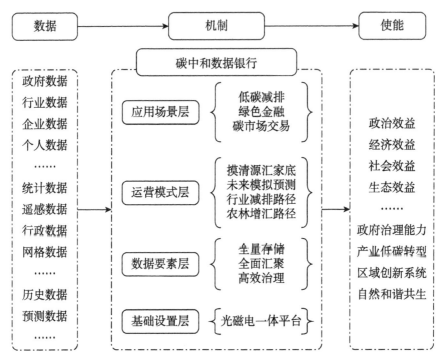

图3-1　"数据-机制-使能"视角下数据基础设施助力"双碳"目标的动态整合框架

业数据、个人数据、统计数据、遥感数据、历史数据和预测数据结合，依托数据银行开展数据要素层的碳中和数据全量存储、全面汇聚和高效治理，推进运行模式层摸清源汇家底、未来模拟预测、行业减排路径和农林增汇路径，进一步在场景应用层通过重大应用场景，加快数据驱动的低碳减排、绿色金融和碳市场的场景应用，实现碳中和数据使能区域创新系统重构、政府治理能力现代化和产业低碳转型升级，最终令数据基础设施促进"双碳"战略目标的实现。[1]

　　保障数据安全和促进数字经济高质量发展，是数据要素赋能高质量发展面临的二元悖论。数据要素市场化需要解决的关键问题，是在妥善保障数据安全的前提下，有效推动数字经济高质量发展。基于统筹数据安全和数字经济高质量发展这一整合思维，碳中和数据银行通过系统架构创新设计（见图3-2），实现硬件和平台有机融合于基础设置层，以多元数据中台实现数据要素层高效汇聚治理，进而实现隐私计算、支撑服务和业务保障发展等多维数据安全运营，从而在统筹安全和发展的前提下，更高效地支撑行业低碳减排、绿色金融、碳市场交易等重大应用场景需求，助力"双碳"目标实现。[1]

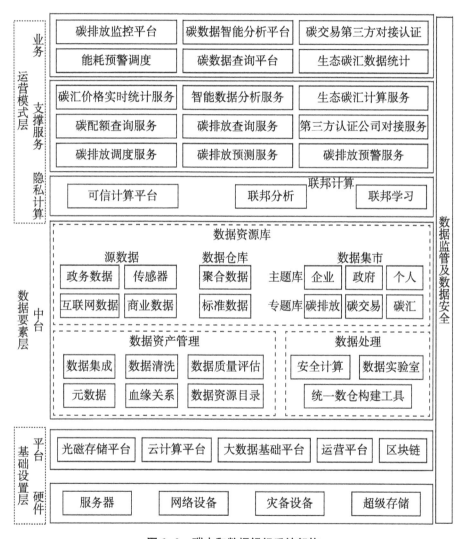

图 3-2 碳中和数据银行系统架构

（一）基础设置层

当前数据基础设施的耗能主要在两个部分：一是 IT 设备算力运行产生的

能耗；二是配电、制冷等支持设备产生的能耗。评估数据基础设施能源效率的指标，可以采用 PUE（Power Usage Effectiveness，PUE =数据基础设施总能耗/IT 设备能耗）表征，PUE 越接近 1，表明数据基础设施总能耗中用于 IT 设备算力的比例越高，也代表数据基础设施的绿色节能效率越高。[1]

针对数据基础设施能耗高的问题，碳中和数据银行在基础设置层主要采用基于新一代节能高效蓝光的光磁电一体化智能存储应用系统，在智能分级存储使用光磁配比 8∶2 条件下，能够达到日常数据存储的性能要求，相比于全热磁存储的解决方案，能够大幅降低数据存储的总耗电量，从而降低数据基础设施的 PUE，同时实现节约水资源、节约能源和减少二氧化碳排放的绿色节能效果。表 3-1 为选取自泰尔实验室的蓝光光盘库系统与磁存储系统测试报告，光磁电一体化平台的主要特征和具体节能、节水和碳减排效果。[1]

表 3-1　光磁电一体化数据基础设施的主要特征

主要特征	具体内容
应用场景	海量数据存储、助力大数据分析、"冷热"数据分离、数据自动分级管理，低能耗低 PUE、构建绿色数据中心，数据锁定防篡改、提升数据安全级别
产品优势	绿色环保、简单易用、性能优越、分级存储、可靠性高
节约能源	1000PB 有效存储总量，比全热磁存储耗电量年节省 1640 万千瓦时，节能比例为 75.79%
节约水资源	1000PB 有效存储总量，比全热磁存储节水达 2.47 万吨，节水比例为 80%
碳减排	1000PB 有效存储总量，比全热磁存储节省标准煤 2015 吨，减少碳排放量 9905 吨

（二）数据要素层

"双碳"目标的实现是一项涉及多部门、全行业的广泛而深刻的经济社会系统性变革，相关数据要素涉及不仅仅限于能源供应、能源终端利用（如工业、交通、建筑）等部门，覆盖不止于电力、石化、化工、钢铁等八大重点高排放碳源行业，也涉及农林业及土地利用等部门的碳汇领域。具体而言，"双碳"数据要素类型总体上有碳源数据和碳汇数据；门类方面有政府数据、产业数据、企业数据和个人数据；部门方面有农业数据、气象数据、林业数据、工业数据、土地数据、交通数据等；格式类型方面有遥感数据、统计数据；空间维度包含不同层级的行政数据和不同空间分辨率的网格数据；时间维度有历史数据和预测数据。一方面，单一的数据无法客观映射"双碳"工作的实际状况，难以准确显示出"双碳"工作的整体进程；另一方面，这些数据要素，往往类型多、体量大、空间分辨率高、时间跨度长，需要在光磁电一体化平台上开展数据要素的全量存储、全面汇聚和高效治理。

1. 全量存储

数据基础设施的大容量全量存储是"双碳"相关数据模式运行和价值实现的前提。"双碳"战略目标的系统性和数据的海量性、多样性，导致"双碳"相关数据价值密度低、不对称信息强，使得单一部门、单一行业、单一领域或单一类型的"双碳"相关数据要素价值密度低，进而导致系统映射"双碳"全貌的难度高和工作量大。要使"双碳"相关数据达到协同配合、客观全面、科学可信地映射"双碳"工作进展情况的要求，需要在数据基础设施平台上开展全量存储。

2. 全面汇聚

数据基础设施的全面低成本汇聚是"双碳"数据要素模式运行和价值实现的基础。随着"双碳"战略的深入推进和人类社会从信息时代向数字时代迈进，全社会、全行业均需要推动一系列绿色化、低碳化和数字化转型，随着5G、物联网、工业互联网等数字技术的突飞猛进，使得数据产生、采集的精度、维度、广度和体量都呈现出突飞猛进的增长。一方面对数据汇聚提出了绿色、经济、安全、高效的基本要求；另一方面也倒逼汇聚成本出现下降趋势，进而实现数据全面汇聚的规模化和高效化。只有"双碳"相关数据的汇聚成本低于其潜藏的价值，数据要素的收集存储成为新常态，才能为数据科学、数据产业、数字经济提供源源不断的数据生产要素，真正推动"双碳"战略的落地实施。

3. 高效治理

数据基础设施的高效治理是"双碳"数据要素模式运行和价值实现的关键。数据治理是一个组织中与数据使用相关的管理行为体系，是在综合过程、技术和责任等因素下的数据管护过程或方法，以实现"双碳"领域数据要素的价值挖掘和数据赋能产业的功能发挥，也是推进生态文明建设领域国家治理体系和治理能力现代化的关键内容。基于碳中和数据银行实现的数据高效率治理是以全量"双碳"数据的全面汇聚为基础，以区块链、大数据、隐私计算等技术为支撑，为实现"双碳"目标提供统一便捷的数据存储、治理、可视化、分析、预测等服务，通过对数据的生命周期的管理，提高数据价值密度，促进数据对内增值和对外增效。

基于全量存储、全面汇聚和高效治理的数据，碳中和数据银行可以通过政府和企业的共同建设，使得与"双碳"相关的数据在政务外网、企业内网、互联网等不同类型网络中实现安全、有效、畅通流动，实现政府对"双碳"的有效监控、碳交易有序运行等功能。碳中和数据银行的数据流向过程机制如图 3-3 所示。

（三）运行模式层

1. 摸清源汇家底

碳排放核查是碳排放数据的精确性和全面性的内在要求，碳中和数据银行为摸清碳汇家底提供充分的数据支撑和技术支撑。对于各行业企业，自有设施的直接碳排放、外购电力热力等的间接碳排放，以及企业的经营情况都与其碳排放密切相关，依据投入产出原理，根据企业经营数据基础和企业技术管理水平，可对企业碳排放进行全方位刻画估算，同时结合气象数据、遥感数据等宏观数据可对区域碳排放进行核算。[1] 具体评估可用公式（3-1）表征：

$$GHG_{总} = \sum E \times HG \times \theta \qquad (3-1)$$

其中，$GHG_{总}$指的是区域二氧化碳排放总量，E 代表某一领域或行业的燃料消耗量，HG 代表该类燃料对应的排放因子，θ 代表对应该类燃料的氧化率，按照 IPCC 指南推荐方法，排放因子通过碳单位转换、扣除燃料中固碳部分的碳量等步骤测评而得。[1]

当前国家层面有关碳汇方面的项目方法学，由国家发展改革委统一备案和

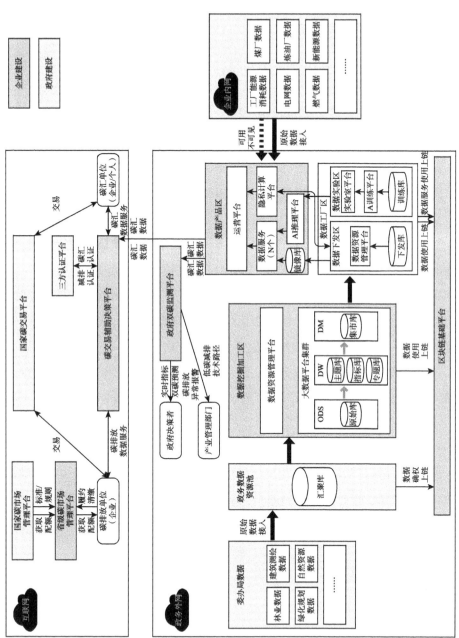

图3-3 碳中和数据银行数据流向过程机制图

发布，截至目前共发布四种碳汇项目方法学，分别是竹子造林、碳汇造林、森林经营、竹林经营。综合来讲，碳汇数据评估可以用公式（3-2）表征：

$$C_{总} = \sum (C_1 - C_2 - C_3) \qquad (3-2)$$

其中，$C_{总}$ 代表区域内所有碳汇项目通过相应碳汇经营方法学产生的碳汇总量，C_1 代表某一项目碳汇量，C_2 和 C_3 分别代表项目的基线碳汇量和泄漏量[1]。

2. 未来模拟预测

碳中和数据银行依托政府数据、行业数据、企业数据以及部分个人数据的全量存储、全面汇聚、脱敏加密和高效治理后形成在时间域内长尺度的碳排放数据资源池，基于碳排放方法学建立行业企业的碳排放监测模型，通过不断的模型修正和数据验证，实现对企业碳排放情况进行有效的动态预测，支撑企业清洁能源减碳和生产侧碳排放动态测算[1]。该预测指标还可以作为政府监管部门技术掌控区域碳排放变化趋势，为碳排放分析测算与碳排放交易等业务提供支撑。未来碳排放量模拟预测一方面需要基于历史碳排放量，如公式（3-1）中统计核算的碳排放量；另一方面需要根据未来经济、人口、城镇化率、技术、能源密度及结构、产业结构等因素来调整，具体可用公式（3-3）表征：

$$GHG_{预测} = GHG_{历史} \times \{GDP, P, T, D, U, I, S\} \qquad (3-3)$$

其中，$GHG_{预测}$ 代表未来年份的二氧化碳排放量，$GHG_{历史}$ 代表历史年份的二氧化碳排放量，也是模拟预测未来二氧化碳排放量的基准参考值，GDP 代表国内生产总值，P 代表人口，T 代表科技进步系数，D 代表能源强度，U 代表城市化率，I 代表产业结构，S 代表能源结构。

未来区域碳汇量的公式，可以参考公式（3-2）的逻辑，未来碳汇预测用公式（3-4）表征：

$$C_{预测} = \sum (C_{模拟} - C_2 - C_3) \qquad (3-4)$$

其中，$C_{预测}$ 代表区域内所有碳汇经营方法学对应项目产生的碳汇总量，$C_{模拟}$ 代表某一具体项目模拟碳汇量。

3. 行业减排路径[1]

行业碳减排需要瞄准场景特征，综合碳减排成本、技术可行性、资源可用性等因素[10,11]，依托大数据、云计算、传感器等数字技术和数据支撑，加速推动重点行业能效提升、使用替代燃料、运用碳捕捉技术以及实施企业数字化转型，提升能源生产侧的高效采集和广泛互联能力，实现能源生产、运营、管理、计量过程的精细化、在线化、智能化，优化能源配置方式、重组能源利用模式、提升决策效率和能源整体利用率，最终实现节能减排、降本增效的目的[73,74]。如在交通领域，通过数据创新应用和电动车技术革新，推动交通运输行业低碳减排[75,76]。综合现有碳减排技术创新和行业探索[77]，在制定具体行业减排路径的实施措施时，可以在碳中和数据银行海量数据汇聚基础上，按照公式（3-1）和公式（3-3）中碳排放核算和预测的方法，有针对性地开展数智化节约资源能源措施（见表3-2）。

表3-2　部分高碳行业数字化减排路径

部分高碳行业	数字化减排路径
建材	推广以光伏为核心的新型能源系统，结合物联网、数据实现智能调控
钢铁	优化用能结构、构建钢铁循环经济产业链，应用突破性低碳冶炼技术
电力	利用人工智能、大数据技术，实现分布式电网、能源互联网、智慧电网功能，实现电力智能调峰

4. 减排增汇措施

中国森林资源丰富，林业碳汇潜力大，在吸收二氧化碳方面作用显著。基于碳中和数据银行的数据支撑和大数据、云计算等数字化技术对林业碳汇进行实时监测、模拟预测，实现对碳汇情况的全方位了解，促进碳汇资产的管理与增值、高效布局和完善[1]。具体而言，就是在碳中和数据银行对碳汇进行评估和预测的基础上，可以针对具体的碳汇经营方法学，结合土壤、气象和作物生长等数据，利用人工智能、机器学习等技术，对碳汇实现精准经营，也可以利用卫星遥感等领域数据，对碳汇经营效果进行实时监测，并根据实际经营效果，有针对性地采取增汇措施。

（四）应用场景层

1. 低碳减排

碳中和数据银行在发挥基础设置层、数据要素层和运行模式层作用的基础上，可实现针对高能耗、高排放行业生产制造侧的数字化、低碳化、智能化改造，同时通过智能预测和增汇方法学，也可以实现针对碳汇项目的精准监测和有效经营。通过碳源和碳汇两个领域，最终实现碳中和数据银行促进低碳减排的应用场景价值。

2. 绿色金融

推进"双碳"工作，需要完善绿色金融标准，充分发挥绿色贷款、债券、基金支持减碳增汇作用，建立更加完善的绿色金融激励机制体系，建立覆盖面广、强制性高的环境信息披露制度。而绿色金融激励机制和绿色金融体系的建立，需要有碳排放和碳汇数据作为数据支撑。碳中和数据银行通过对"双碳"领域的数据治理，可以为低碳技术投资、碳金融产品和碳排放权抵质押融资提供数据支撑，最终发挥数据要素在金融科技侧助推数字经济高质量发展和减碳增汇的作用。

3. 碳交易市场

2021 年 7 月，在全国 7 地碳交易试点基础上，全国碳排放权交易市场正式开启交易。无论是碳排放权交易市场的碳排放交易，还是国家核证自愿减排的碳汇交易，都是基于碳排放和碳汇相关数据的认证交易[78-81]。碳中和数据银行一方面可为碳排放权交易和国家核证自愿减排量交易提供海量的存储资源和充足的算力支持，保障交易顺利实施；另一方面可为两项碳交易提供坚实的数据支撑，促进碳市场健康、协调、高质量发展。

第二节　数据确权登记

数据确权登记，需要建设对应的数据确权交易中心，旨在通过数据登记方式，明确数据资产权属，打破数据确权的难题。在数据确权的基础上，进一步加强对政府数据资产的高效管理，并打通政务数据可信开放的途径，在保障数据安全的基础上，促进数据要素市场繁荣，规范数据要素市场秩序，推动数据资源的要素化、资产化和价值化。通过数据登记确权体系、资产管理体系和数据可信开放体系的建设，为智慧城市建设提供坚实的数据基础支撑保障。通过数据要素的全场景应用，赋能产业发展、政府治理和公共服务，构建"政府端（G端）授权、数据端（D端）开放、企业端（B端）受益、个人端（C端）获利"的多方共赢数据要素生态体系，为全国数据要素市场的探索与发展提供试点与示范。

数据确权交易中心是打造具有城市特色的数据要素市场体系的基础设施，可以采用"3+4+1+N"的总体思路，建设"三中心""四平台""一监管链""N应用场景"。"三中心"为数据登记确权中心、政务数据运营中心、数据交易中心；"四平台"包括数据登记确权平台、数据资产管理平台、数据可信开放平台、数据交易运营平台；"一监管链"，即数据全生命周期合规监管链，保障数据安全合规利用；"N应用场景"，即数据资产赋能全领域的价值化应用，具体架构如图3-4所示。

（一）"三中心"

数据登记确权中心是由政府主导建设，类似不动产登记中心的非营利性机构，其主要职能为登记数据资源持有权与数据产品经营权（数据加工使用权视情况而定）。以政府公信力为背书，为政务公共数据（以国有资产登记为目标）、企业自有数据（以数据融通、经营收益为目标）、个人数据（以便捷服务、知情授权为目标）提供登记确权服务。

政务数据运营中心是以公共数据、行业数据、企业数据、专题数据等数据为基本生产材料，通过数据持有者授权（政府公共数据授权、企业行业数据授权）让渡经营权（包含收益权）的经营数据、数据产品和服务类营利性机构。数据运营公司主要以经营数据服务、产品为主，实现国有数据资产、企业数据资产增值变现。

数据交易中心以撮合公共数据、企业数据交易流通为主，属营利性质主

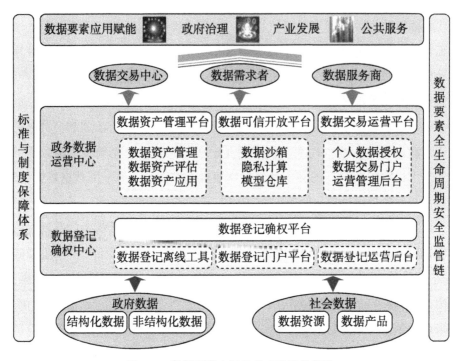

图3-4 数据要素市场体系建设总体架构

体，可参考证券交易所模式，本身不具备数据资源持有权，也不生产数据，在数据交易市场作为可信的第三方提供数据交易技术、咨询、撮合、平台服务等功能。图3-5为数据要素市场体系"三中心"业务图。

（二）"四平台"

数据登记确权平台：数据登记确权中心用于数据登记确权的业务平台，实现数据资源的确权算法分析、数据特征指纹分析、数据量单元格计量分析、数据登记申请、数据登记审核、数据资产统一标识代码发放、数据登记证书颁发、管理、公示和查询、数据登记统计分析等业务。

数据资产管理平台：政务数据运营中心用于管理政务数据资产的业务平台，在此平台的基础上，实现对政务数据的资产化管理。数据资产管理的重点在于将资产标准化、可视化、价值化，能对资产进行盘点、管理，促进数据资产的开放，从而控制、保护、交付和提高数据资产的价值。

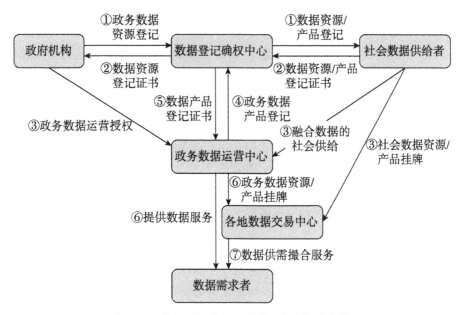

图3-5 数据要素市场体系"三中心"业务图

数据可信开放平台：政务数据运营中心用于安全挖掘政务数据价值，并在可信环境下开放数据的业务平台。数据可信开放平台采用数据沙箱和隐私计算的技术，打造数据暖箱模式，在政府政务外网环境内，挖掘政务数据价值，实现数据"可用不可见"和"原始数据不出库"，实现数据资源持有权和数据加工使用权的有效分离。

数据交易运营平台：政务数据运营中心用于数据产品和服务的展示和交易撮合平台。建设数据开放交易门户，上架政务数据资源和基于数据资源开发的标准化数据产品，形成数据产品超市，所有上架数据资源和产品均在数据登记确权中心进行登记，权属清晰；同时提供众包服务的模式，为数据需求者提供定制化的数据服务，充分发挥数据要素价值。

（三）"一监管链"

建设数据合规监管链，在数据确权交易中心开展业务的过程中，针对数据经营分益、数据加工分益计算过程进行记录，通过区块链智能合约驱动相关数据信息上链，在链上实现信息共享和过程追溯。建设数据安全"驾驶舱"，实现数据和业务"二维监管"，帮助监管者全面掌握数据安全与数据交易状况，建立数据全流程合规与监管规则体系，为数据要素市场提供专业的参考依据和信息化支撑手段。

（四）"N应用场景"

以数据应用场景为驱动，充分发挥数据要素价值，建设一批数据应用场景项目，通过汇聚地方政府数据，并引入融合共享的全国性数据资源，构建针对产业赋能、政府治理和公共服务的三类应用场景，赋能金融服务、乡村振兴、商业保险、精准招商、企业服务、智慧城市，推动社会全产业高质量发展、政府智慧化治理能力增强和便民利民服务水平提升。

在完善的数据要素市场制度保障下，将数据赋能于全场景应用，充分发挥数据要素的价值，并撬动数字经济全面发展。

（五）建设原则及数据登记业务流程

数据登记确权中心，坚持"三非原则"，即数据"非登记不确权""非确权不交易""非法数据不登记确权"。

非登记不确权，数据以登记的方式进行确权。数据持有者，将数据资源或者数据产品进行登记，登记确权中心发放登记证书，确认数据持有者对数据的权属，并发放数据登记证书。数据登记证书，应当包括证书名称、登记号、数据资产名称、数据资产类型、数据统一编码、数据量、权益人名称、数据来源、更新周期、使用场景、发放日期、数据资产他项权益页等内容。

非确权不交易，数据确权是交易的前提。持有数据登记证书，确认数据资源或数据产品权属，方可经营数据资源或数据产品，可直接对数据需求者提供数据服务，或在数据交易中心等数据交易场所挂牌交易。

非法数据不登记确权，只有通过审核的数据资源或产品，才能在登记中心登记确权。审核包括登记申请者的准入审核、登记规范性审核、来源规范性审核、内容合规性审核等，确保数据登记者身份合规，登记内容规范，数据来源和内容合法合规。

数据登记的对象，包括资源性数据资产和经营性数据资产，分别进行数据要素登记和数据产品登记。图3-6和图3-7分别为数据要素登记流程和数据产品登记流程。两类数据资产登记的流程，均需经过申请、准入审核、登记、登记规范性审核、来源规范性审核、内容规范性审核、生成登记证书、公示、统计等流程。在数据资产应用的过程中，数据要素登记后可进入数据资产服务环节，或进入数据应用环节，还可进入数据产品开发环节；数据产品登记后，则可以挂牌上市，发生交易，并对交易记录再次进行登记和存证。

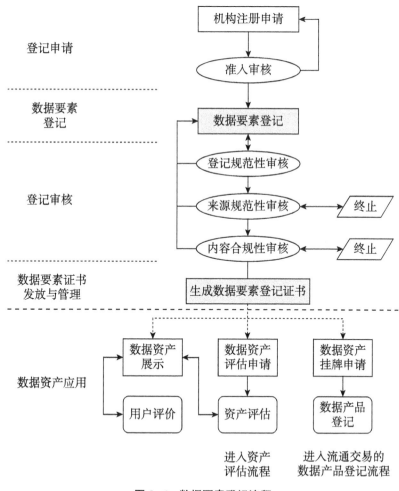

图 3-6　数据要素登记流程

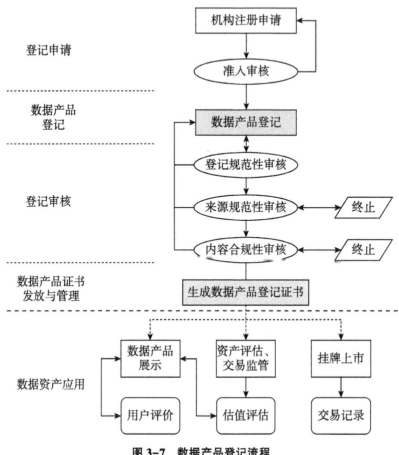

图3-7 数据产品登记流程

(六) 平台建设内容

建设数据登记确权平台,包括数据登记离线工具、数据登记运营后台、数据登记门户平台三大模块。

数据登记离线工具,是数据资源持有者登记数据的客户终端,采用数据库特征指纹、数据量单元格计量算法、数据资源统一标识代码体系等技术,在离线的前提下,对数据资源进行系统化的不可篡改的标识和计量,生成数据确权的凭证依据。该过程在离线的前提下对数据库进行确权算法计算,保证数据不出域,保证数据安全。在计算完成后,断开与数据库的链接,再联通互联网,上传生成的数据确权凭证依据,向数据登记确权平台提出数据登记申请。

数据登记运营后台，是管理数据登记确权平台的运营工具，对数据登记的主体和对象进行审核，对登记证书进行校验、颁发和管理，对平台用户和平台发布内容等进行管理。

数据登记门户平台，是使用者的门户平台，包括账户开立和登记申请等功能，满足使用者进行数据登记的需求，同时具有证书公示功能和证书查询功能，实现数据登记证书的线上查询，并提供数据资产登记后的各类资产化服务的入口，包括数据资产评估、数据资产挂牌上架等服务。

数据登记确权平台功能架构如图 3-8 所示。

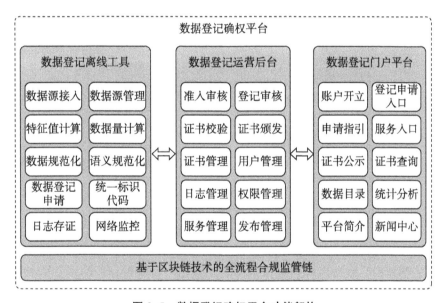

图 3-8 数据登记确权平台功能架构

第三节 数据授权运营

(一) 基本逻辑

制度逻辑：《关于构建数据基础制度更好发挥数据要素作用的意见》明确

提出，要"探索建立数据产权制度""推进公共数据、企业数据、个人数据的分类分级确权授权制度""建立数据资源持有权、数据加工使用权、数据产品经营权等分置的产权运行机制""建立健全数据要素各参与方合法权益保护制度"（见图3-9）。上述机制下的数据权属分离、收益共享是公共数据"确权-授权-运营"的基本逻辑。

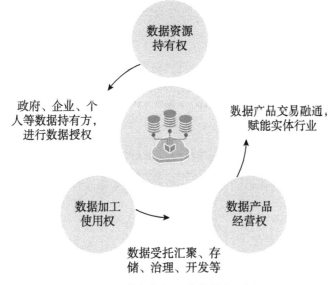

图3-9　数据授权运营的基本逻辑

法理逻辑：数据产权的本质是以物的使用、收益为目的而设立的相对权利，合法获取、加工数据的人享有数据使用权。基于目前数据要素市场的安全保障、效率优先原则，利用数据资源开展加工、处理和开发而获得财产性收益是最根本的目的。可以参照按照价值创造配置权利的法理规定来分离数据相应权属，实现对数据的积极开发，合规合法创造价值。

实践逻辑：上海、深圳等地方立法数据权益的界定为开展公共数据的授权运营提供了制度支撑。数据加工使用权和数据产品运营权正是在数据要素流转利用当中，不同角色的参与主体所享有的权益属性。其重点是基于不同参与主体的生态地位，赋予其不同权益，以此明确和保障各类主体所享有的合法权益，充分调动和激励各相关方的参与积极性。通常来说，数据要素权属划分包括权益主体和权益内容两部分。所谓数据要素权益主体是指，数据要素权益的归属主体，即数据要素之上承载的具体权益到底由谁享有。

数据要素权益主体通常需结合数据要素流转所处阶段和具体应用场景进行确认，数据主体之间的相互关系也需在数据流动场景的过程中进行分析，这一过程需要探索数据的财产化实现路径，但目前对于公共数据权益与个人信息保护的关系、数据财产权益归谁享有等问题的回答尚显薄弱[82]。本书将重点从制度技术等视角就数据确权授权等问题进行探究，通过对公共数据运营过程中包含的各种利益进行权衡和调整，实现对数据交易市场的合规利用和价值挖掘。

（二）理论机制

1. 确权是数据授权运营的基础

数据确权是尊重数据权利源泉的表现，而数据处理者所拥有的数据持有权、使用权和经营权等则是保障数据价值变现的正当性基础。一方面，付出劳动的劳动者应享有劳动产品的财产权，故而数据处理过程所获取的数据增值部分都应当受到保护。同时，在数据的采集和加工过程中，数据处理者需要投入巨大的资金及其他成本，也出于鼓励其他数商参与数据市场积极性的考虑，明确数据权利是实现后续收益分配的必要前提。另一方面，仅仅基于劳动和资本投入便让数据处理者享有数据经营权甚至收益权尚不具有充分的正当性，因为确权的前提源于在先的所有权，所以作为源权利人，数据所有权人的授权必不可少，无论所有权人是个人、企业还是政府，进行数据处理的前提条件和合理原则是数据所有权人知情且同意，这也是进行数据确权的正当性基础。引入确权机制解决数据权属问题，不仅能够实现用户和企业之间的权限分配，而且能够调和不同数据企业之间的利益冲突，从而为数字经济发展搭建清晰的权属框架。更重要的是，目前国内外均已出现数据交易市场和共享平台，为促进数据权益的通畅流转，确保各方交易安全，构建数据确权机制以及相关的配套制度变得更加重要。比如数据持有权、数据使用权以及数据经营权的取得事由包括数据采集、加工、治理等多重行为。[83]

2. 授权是数据权属分离的关键

数据要素市场化和价值化是一个多链条、多主体、多环节的系统性工程，需要通过授权，将数据资源持有权、数据加工使用权和数据产品运营权等权属分离，发挥各参与主体的主动性和积极性。公共数据授权运营制度作为一种创新性的公共数据社会化、市场化利用方式，一方面，以公共数据运营平台为载体，确保高价值的数据利用风险可控；另一方面，给公共数据"提质"，为市场主体提供高品质的数据利用供给。授权使用机制实际上是对商业化手段的目的性纠偏，确立了公共数据开发利用应实现公共利益最大化。授权运营是继政府信息公开、政府数据开放后，一种社会化、市场化利用公共数据的全新举措，源自"自下而上"的实践改革。

经营权的提出作为对持有权和使用权的延伸，表明国家促进数据流通的政策导向。目前认可度较高的公共数据授权运营方式实质上是一种典型的行政机关与社会力量合作的模式，并非单向行政许可，应以"合作关系"来审视公共数据授权运营模式。从长远发展来看，对公共数据授权运营进行收费，一是可以给公共财政提供必要的补偿，所获资金可以用来更好地加强公共数据归集、治理、应用，会更有利于公共数据的开发、利用；二是公共数据也是一种公共资源，维护管理公共资源都要有一定成本，在被授权主体进行开发时，应当支付相应的管理费用，否则就是拿公共财政去填补少数社会第三方的经营成本，反而有违财政资金使用的本意；三是被授权主体向行政机关支付必要的费用，必然会刺激其加速开发公共数据资源以获取更多的经济收益，进一步加速公共数据的开发、利用并完善整个数据要素市场的建设。

3. 运营是实现数据价值的途径

数据运营是面向行业、场景驱动的数据要素价值的实现手段，是联结数据（服务）供给方、数据需求方和数据运营方的核心途径，可以细分为数据供给、交易流通、数据应用等环节，在取得数据权利并完成数据授权之后，还需要建立信任机制确保流通安全。目前以服务为主要模式的数据运营体系，解决了传统数据运营所面临的主要问题，数据运营服务公司由国有资产控股并授权运营，明确数据运营全流程中各单位的责任权属，结合技术手段建立透明化、可记录、可追溯、可审计的全过程管理机制，确保数据运营的科学化、系统化和规范化。比如通过引入隐私计算、联邦学习等技术手段，以数据核验、数据沙箱等方式提供数据服务，消除数据的非稀缺性和非排他性，从而保证数据安全高效运营。以供求双方多轮协商议价或约定利益分红的交易机制，最大限度地保障供求双方利益。特别是数据需求者作为数据要素市场化和价值化最末端的主体，当前来看针对数据产品和服务的付费意愿和付费能力相对有限，整个链条面临着极大的风险收益不匹配的问题。数据运营过程中，应坚持制度规范是基础，技术平台是支撑，安全保障是根本，共同推动数据要素市场运营体系构建。

第四节　数据资产评估

一、行业数据资产评估

截至 2023 年 8 月，全国仅有北京和河南两个省份开展了面向行业的企业数据资产评估的试点。本书作者是河南数据资产评估工作的负责人之一。本次选择河南作为试点，将河南开展数据资产评估试点的相关工作方案进行梳理和整理，作为行业数据资产评估的工作机制。

（一）指导思想

以习近平新时代中国特色社会主义思想为指导，深入贯彻落实党的二十大精神，完整、准确、全面贯彻新发展理念，加快构建新发展格局，着力推动高质量发展，以释放数据要素价值为导向，着力完善数据基础制度体系，培育数据要素市场，推动数据要素高效流通，提升产业发展水平，深化融合创新应用，统筹产业发展与安全，推动构建"底座牢固、创新活跃、资源富集、治理有序、应用繁荣"的现代化大数据产业体系，为建设先进制造业强省、数字河南提供有力支撑。

（二）工作原则

试点示范、独立客观、保密安全、价值区分、合理假设。

（三）主要目标

通过试点数据资产评估工作，研究制定企业数据资产评估标准和规范，探索数据资源确权、数据资产评估、数据价值评估、数据资本服务等制度模式，发掘一批具有行业特点的数据产品和服务，促进数据高效流通使用，赋能实体经济。

（四）试点任务

探索数据资源确权。全面梳理企业数据资源，实现数据编目分类分析，确定数据来源，明确数据权属。

开展数据资源评价。在国家法律法规和政策框架范围内，按照成本要素、质量要素、应用要素等维度，对数据资源进行评价，形成一批数据资产。

开展合规安全审查。组建安全合规审查团队，指定数据清单，开展安全合规检查，排查安全风险隐患，形成数据合规报告。

开展数据价值评估。以数据资源评价成果为基础，对企业数据资产进行价值评估，综合利用成本法、市场法、收益法等评估方法，形成一批数据产品，形成可供融资、抵押、信托的企业数据资产价值评估凭证。

探索数据资本服务。帮助企业对接金融机构，以企业数据资产价值评估凭证为基础，探索开展数据资产质押融资、数据资产担保信托等数据资本服务。

（五）工作流程

在河南省工业和信息化厅及河南省地方金融监管局、河南省银保监局、河南省行政审批和政务信息管理局等业务指导单位的领导下，组织数据资产评估工作组进驻试点企业，制订评估工作方案，开展为期1年的评估任务。

确定评估试点企业名单。按照企业自主申报、地市推荐、综合论证、网上公示等流程环节，确定评估试点企业名单。

确定数据评估依据流程。依据现有法律法规、行业标准，结合企业自身实际，确定数据评估依据流程。

确定数据资源评估范围。基于企业选定的数据资源和应用场景，开展业务调研和数据调研，确定数据资源评估范围。

开展数据评价评估工作。综合利用成本法、市场法、收益法等现有数据资产评估方法，开展数据资源评估和数据价值评估。

出具评估报告价值凭证。在数据评价评估形成数据产品的基础上，出具数据评估报告价值凭证。

组织对接数据资本服务。组织试点企业、金融保险等相关市场主体，召开企业数据供给需求协调会，推动企业开展数据资产价值评估凭证融资、抵押、信托等服务。

二、城市数据资产评估

（一）评价指标体系设计

德尔菲法是评价指标体系设计常用的方法，通过匿名方式征求专家意见，经多次反馈和修改，最终得到一个专家意见趋于一致的、比较可靠的结论。基于德尔菲法的上述优点，本书在大量文献调研、行业实访、专家座谈的基础上，采用该方法构建了一种基于数据全生命周期的城市数据资产化评价指标体系。具体包含5个步骤：（1）围绕数据"收存治用易"周期，分析现存政策制度、行业标准、国际国内评价体系中的评价思路和要求，同时紧密结合城市数据资产特性，在此基础上设计城市数据资产指标框架；（2）基于国内重点数据库、公开报告、网络资源等可获取的信息，定义各个评价指标的具体含义和评估内容；（3）对上述评价指标体系形成初步方案，通过研讨会、专家咨询、问卷调研等环节，匿名收集专家意见，并对各级评价指标进行筛选、合并、删减、优化、再定义，确定最终的评价指标；（4）利用层次分析法计算各指标的权重系数，构建城市数据资产化评价指标体系；（5）给出该指标体系使用方法，包括对得分的评估。

在指标选择过程中，站在第三方立场，在保证公平公正的前提下，评价指标需要简单化、有特征、好理解、易评价、存共鸣。评价过程具有普适性，不受阶段、地域、城市的影响，并且最终分数直观反映城市数据红利释放程度和潜力；整个评价指标体系需要遵循系统性、简明性、针对性、可操作性、定性指标与定量指标相结合的原则。

（二）评价模型

国内外现有智慧城市、数字城市、数据开放等评价体系聚焦在数据开放、资产化、资产管理、数据交易等领域，本书在梳理现有评价体系和国家及各省市政策标准后，提出城市数据资产化评价体系需遵循如下设计思路。

通过国内外评价指标体系调研（见表3-3和表3-4），梳理数字化发展、智慧城市等相关指标体系的理论模型和指标结构，从中提炼城市数据资产指标体系核心要素。

表3-3　国内外数字化发展评价指标体系调研

指标或报告名称	发布者	指标简介	年份
2019 城市数字发展指数报告	中国城市科学研究会智慧城市联合实验室	数字环境、政务、生活、生态	2019
2020 数字中国指数报告	腾讯	数字产业、文化、政务、生活	2020
苏州市数字经济和数字化发展推进主要指标	苏州市发展改革委	基础设施、数字产业、创新、制造业数字化转型、数字政府、安全等	2020
天津市加快数字化发展主要指标	天津市人民政府	综合指标、数字产业化、产业数字化	2021

续表

指标或报告名称	发布者	指标简介	年份
滴滴城市发展指数	滴滴	经济发展、社会民生、文化环境、城市空间效率	2019
中国区域数字化发展指数报告	中创凯立达规划设计研究院	创新要素、数字基础设施、数字经济发展、数字社会建设	2021
中国城市数字经济发展报告（2021年）	中国信息通信研究院	创新要素、基础设施、数字产业、融合应用、经济需求和政策环境	2021
重点城市大数据发展指数	中国电子技术标准化研究院等	产业发展、发展环境、创新发展、数据治理	2021

表3-4 国内外智慧城市评价指标体系调研

指标或报告名称	发布者	指标简介	年份
智慧城市战略指数	罗兰贝格咨询公司	行动领域、规划、基础设施和政策	2017
智慧城市指标体系	Boyd CoChen	智慧人群、经济、环境、政府、建筑	2013
欧盟中等城市智慧城市评估	维也纳大学等高校	智慧经济、公民、环境、移动、治理和生活	2010
IBM智慧城市评估标准和要素	IBM	城市服务、市民、商业、交通、通信、供水、能源	2013
2021年智慧城市发展水平调查评估报告	中国软件评测中心	智慧运行、服务、产业、数据基础设施、数字化基础设施、智慧城市标准体系	2021
中国智慧城市惠民发展评价指数报告	国家发展改革委、中国信息发展研究院	功能层、资源内容层、渠道层、运维保障层	2017
国家新型智慧城市评价指标和标准体系	国家发展改革委、中央网信办	惠民服务、精准治理、智能设施、信息资源安全、创新发展、市民体验	2017
智慧南京评价指标体系	南京信息中心	网络互联、智慧产业、智慧服务、智慧人文	2011

续表

指标或报告名称	发布者	指标简介	年份
上海浦东新区智慧城市指标体系	上海浦东智慧城市研究院	智慧城市基础设施、公共管理和服务、信息服务经济发展、人文科学素养、市民主观感知	2012
中新天津生态城智慧城市指标体系	中国标准化研究院、新加坡公共事务对外合作局等	基础设施、数据服务、智慧环境、治理、经济、民生	2021

基于国内外评价指标体系调研，本书提炼各体系中涉及数据资产角度的评价指标，总结设计出以"数据汇聚存储、数据开放共享、数据开发利用、数据融通交易、数据产业成效"为一级指标的理论模型，强调数据采集、汇聚、存储、共享、应用和销毁的全生命周期，将这一进程中的各个阶段抽象形成理论模型，评估城市数据在汇聚存储、开放共享、开发利用、融通交易各个环节的制度保障建设、服务能力水平以及现状，理论模型如图3-10所示。

城市数据资产化的基础环节是数据汇聚存储，反映城市政府、企业、个人等主体所产生的数据的采集、汇聚、存储，也是资产化的底座，决定了有多少数据资源可以被用来资产化。在此基础上，数据应用的表象化和场景化衍生出数据开放共享、数据开发利用和数据融通交易，彼此互相促进和影响。数据开放共享是数据应用的关键阶段，决定了城市数据被获取的便捷性、高效性及规范性，影响着利用程度。一般而言，城市数据开放度越高，其开发利用程度也越高。同样，由于应用程度越深，其对开放共享需求越多。数据开发利用是其中的中坚阶段，反映城市利用数据来推进数字经济、数字政府、数字社会建设，以数字化转型整体驱动生产、生活和治理方式变革。数据融通交易是前沿阶段，目前未在全国大面积铺开，但政策和市场表明其是必然趋势，因此也需提前布局，纳入考虑。城市数据资产化的最终目标是获得发展，经济发展是核心，可以通过产业、招商、人才、经济等维度进行评价打分。

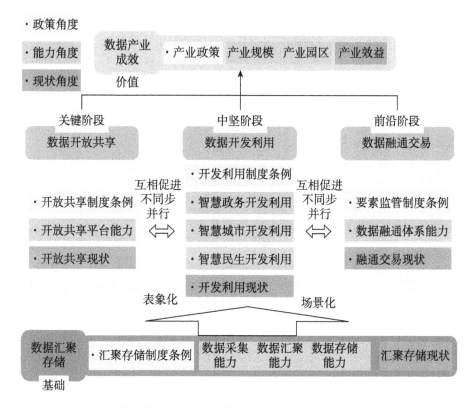

图 3-10　基于数据全生命周期的城市数据资产化评价体系理论模型

（三）指标体系

本书最终设计的评价指标体系包含数据营商环境、数据汇聚存储、数据开放共享、数据开发利用、数据融通交易、数据产业成效 6 个一级指标，每个一级指标则按照"政策+能力+现状"的评价维度设置对应的二级指标，再根据实际需求、重要程度、实操需要在部分二级指标下设三级指标。城市数据资产化评价指标体系的具体内容如图 3-11 所示。

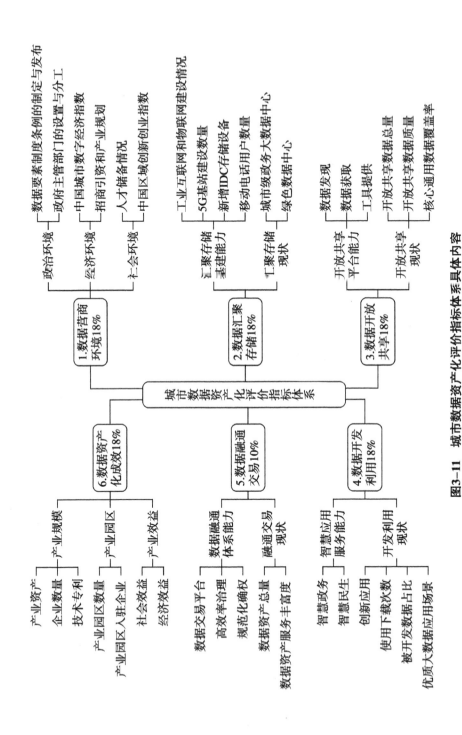

图3-11　城市数据资产化评价指标体系具体内容

数据汇聚存储是城市数据资产化的基础，城市数据资源的整合需要将不同部门、不同行业、不同系统、不同格式的海量数据采集、融合和存储，形成新的支持决策数据源。标准化的城市数据汇聚存储工具能建立数据治理统一标准，提高数据管理效率。二级指标有汇聚存储制度条例，其为数据采集、汇聚和存储能力提供更有效、更具操作性的支撑，使数据采集、汇聚和存储能力层层递进、共同作用形成城市数据的汇聚存储现状，汇聚存储是数据资产化的前提。

数据开放共享评估城市整合相关权益主体的数据共享渠道和方式，数据共享开放安全、高效、有序和可靠的程度。成熟数据共享开放的具体活动包括构建数据共享目录及数据交换目录，推动政企数据双向对接，激发社会力量参与城市建设。二级指标中开放共享制度条例为开放共享平台提供政策支持，开放共享平台在数据发现、获取以及工具方面为用户提供的便捷度、自主性和扩展度等推动形成城市的开放共享现状。开放共享现状作为连接数据汇聚存储和数据开放利用的枢纽，其开放水平推动了数据的开发利用。

数据开发利用旨在数据开放的基础上推动数据开发利用，数据开发利用有利于政府构建数据生态体系，推动开放数据的社会化利用。二级指标中开发利用制度条例为智慧政务、智慧民生和智慧城市提供政策支持，智慧民生、智慧政务和智慧交通以"为民、便民、惠民"为目标，最大限度地整合和开发利用包括金融、教育、交通等的各类数据，为居民、企业和社会提供及时、互动、高效的信息服务，进而推动城市科学发展，使城市达到前所未有的高度"智慧"状态，提升公共服务普惠化、便捷化水平，从而最大化地对数据进行开发利用，推动后续数据的资产化和产业化。

数据融通交易处于资产化进程中的前沿阶段。城市利用数据交易平台汇聚海量高价值数据，挖掘并实现数据要素价值最大化，让信息不再是一座座"孤岛"，实现数据的商业价值变现，唯有将数据进行确权、定价，出现数据交易市场、交易指数，才能真正带动大数据产业的繁荣，深度推进产业创新。二级指标中要素监管制度条例为数据融通体系能力提供了政策支持，数据融通体系能力为数据交易提供基础设施、便利条件，保障了交易流程的规范性，从而打造一个规范、良好的融通交易现状。

随着数据资源越来越丰富，数据资产化将成为城市提高核心竞争力、抢占市场先机的关键。数据助力现金流，通过数据赋能现有产业，实现产业创收和降低成本。二级指标中产业政策为产业规模的扩大、产业园区的建设以及产业效益的提升提供政策支持，产业规模和产业园区二者紧密结合，共同作用实现产业效益。

本书采取层次分析法设计指标体系权重。一级指标权重总值为100%，即数据营商环境为18%，数据汇聚存储为18%，数据开放共享为18%，数据开发利用为18%，数据融通交易为10%，数据资产化成效为18%，最终使用线性加权法计算综合评分。本书设计的一级指标被分解为14项二级指标、36个可具体评估打分的三级指标。

评价指标体系包含定量和定性两种指标，涉及5分法、01法、标杆法三种打分方式，无量纲处理、归一化处理和总分计算逻辑如表3-5所示。

表3-5　打分方式和得分计算逻辑

打分方式	具体操作方法	举例
5分法（定性）	根据定性指标具备的评价要素及优劣，在1—5分间打分	新基建政策指标，按其文件等级、独立发布、城市特色，从1—5分中打分
01法（定量）	根据对应指标是否存在，直接选取0分或1分	智慧城管平台，按照该城市是否具备该平台而打0或1分
标杆法（定量）	根据指标收集到的定量数据，按"城市定量数据/最高标杆定量数据×100分"公式进行0—100打分	数据数量，各个城市的数据数量（PB）/各个城市数据数量的最大值×100分
总分计算	加权平均，将01法、5分法、标杆法得到的分数全部归一化为0—100间得分，再依次乘权重求和	城市数据资产化指数 = $\sum$（各四级指标的得分×四级指标权重）

依据城市数据资产化建设层次，可以将城市分为三个梯队，分别是领跑城市、加速城市和起步城市。领跑城市位于城市数据资产化发展水平的最前端，这些城市人口规模大，经济实力强，有强大的产业集群，跨国公司、大

企业、总部企业多，科技创新能力强，企业家和优秀人才聚集，更注重数据的要素流通，以数据流引领技术流、物质流、资金流和人才流，在推动城市大数据产业发展、传统产业转型升级、数据红利加速释放等方面优势显著，城市资产化水平表现优异。而加速城市数据资产化虽然总分差距不大，但各指标之间发展不均衡问题依然严重，它们已经开始利用城市数据创造社会经济价值，但在数据的引导赋能、数据交易平台及相关政策的支撑、数据助力现金流以及作用于现有产业等方面还有较大潜力，此外这些城市虽然目前取得了一些进展，但是在数据资产化的基础阶段对数据的汇聚存储方面还不够重视，应加强数据的统筹管理。起步城市数据资产化中需要的数据存储设备等基础设施、数据开放平台建设、宽带等与智慧城市息息相关的信息技术方面无法释放足够的动能，致使这些城市数据资产化水平不高。

第五节　低碳场景应用

依托城市数据湖，易华录形成数字"双碳"方法论，打造了城市"双碳"驾驶舱产品。通过深入研究国内及国际城市碳排放相关政策、文件、研究等，联合高校研究所等行业领先机构设计构建了一套城市层面可有效管理碳排放的方法——"碳视、碳查、碳析、碳智、碳信"系统方法论（见图3-12）。并相继为天津市津南区、江西省抚州市设计了具备地方特色的城市"双碳"驾驶舱平台（见图3-13）。

数字"双碳"平台的建设目标是深化大数据平台建设与应用，建成"双碳"数字化管理系统，打造"双碳"智治平台，实现智慧控碳。主要包含如下内容。

（一）城市数字"双碳"平台建设

自2021年3月全国各省市相继出台"十四五"规划，明确"双碳"各项工作、制订碳达峰行动方案以来，易华录基于自身优势，积极探索形成"碳

图3-12 易华录"双碳"系统方法论

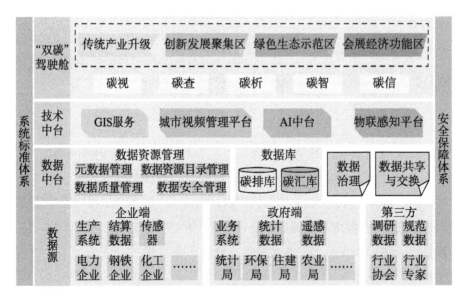

图3-13 城市"双碳"驾驶舱平台

视、碳查、碳析、碳智、碳信"的系统方法论，利用城市各方用电、能源及其他数据，先后为天津市津南区、江西省抚州市设计"城市数智双碳平台"，助力地方政府"双碳"目标加速实现。

（二）碳排放核算、监测、模型标准咨询

其中，城市层面碳排放核算标准体系主要是依据世界资源所、美国国际开发署和世界自然基金会等联合发布的《城市温室气体核算工具》，定制城市层面碳排放核算、模型标准体系。

各行业碳排放核算标准体系依据国家发展改革委颁布的各行业温室气体核算标准，根据地方特色，构建地方各行业碳排放核算模型库。

（三）企业标准化碳排放填报系统

1. 统一行业碳排放填报模板

内置各行业碳排放模型算法库，具备各行业统一化碳排放填报模板。

2. 碳排放数据异常预警

企业自行填报数据所得碳排放结果须与第三方核查报告一致，否则系统自动预警。

3. 企业碳画像刻画

系统根据企业历史（年度、月度）数据及绿色低碳技术使用、新能源使用等数据，对企业进行碳画像刻画。

4. 传统产业绿色转型示范

以某大型发电有限公司转型为例，主要包括以下内容。（1）碳视：企业自行填报、政务数据调取和不定时抽查相结合，做到碳排放数据实时更新。（2）碳查：对接企业碳排检测系统定期监测企业异常排放值/违规行为，实现自动预警。（3）碳析：对碳排放总量、能源消耗结构、碳强度、低碳技术投入等指标进行环比、同比分析。（4）碳智：提供行业减碳工具包（如低碳技术库）以及相应专家人才库，为企业减排提供技术服务支持，助力企业绿色转型。（5）碳信：建立企业独立碳排账号、进行碳画像刻画、构建碳信用评级等，可作为银行信贷参考。

图 3-14 为企业标准化碳排放填报系统。

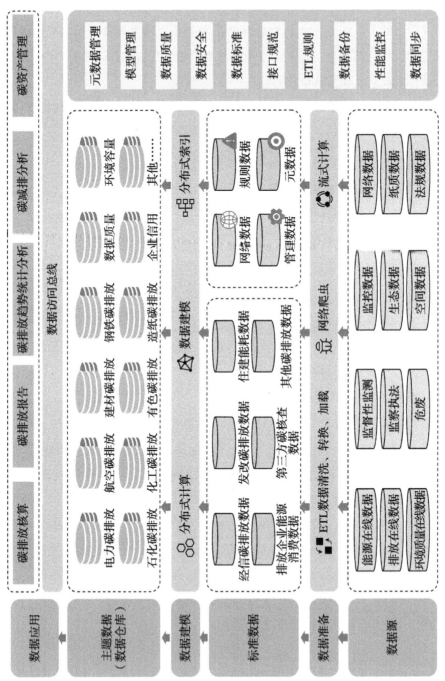

图3-14　企业标准化碳排放填报系统

5. 低碳工业园区示范

主要包括以下五项内容。（1）碳视：全面整合电力、水务、燃气、物业、企业等多方系统平台数据，实现能源流、碳追溯流、数据流的"三流合一"、碳排放数据呈现。（2）碳查：利用视网膜技术和 AI 大数据分析技术，自动监控识别园区能源异常消耗、漏水漏气、不明入侵等异常或违规情况，形成自动预测报警机制。（3）碳析：定期分析统计园区建筑能源消耗、碳排放强度、新能源绿色环保企业占比、低碳技术创新申报、技术成果转化等指标，进行年度、月度分析及环比分析。（4）碳智：充分利用低碳技术库、绿色产品库以及专家库，提高园区清洁能源利用效率，助力低碳（零碳）园区建设。（5）碳信：为园区企业提供碳交易、碳信贷等所需的碳账号，并对其进行碳画像刻画，为碳交易、碳信贷提供重要参考。

6. 绿色低碳社区示范

主要包括以下五项内容。（1）碳视：划定社区边界、具体核算社区建筑用电用能、交通、废弃物处理、碳汇、碳普惠等指标并进行详细呈现。（2）碳查：利用社区监控系统及中控平台等对各类设施、指标实施监控、跟踪，形成突发异常事件自动监测预警。（3）碳析：创建指标数据库（如建筑面积、年用电量、用气量、私家车停车次数、绿地面积、干湿垃圾处理量等），进行月度趋势分析、环比分析。（4）碳智：推广社区居民生活相关低碳技术及绿色产品，充分利用各类碳智相关库，为低碳（零碳）社区建设提供基础支撑。（5）碳信：持续推广绿宝碳汇 App，创建家庭及个人碳账户，对低碳家庭及个人予以奖励等，助力居民低碳生活。

7. 林业用地保护示范

主要包括以下五项内容。（1）碳视：生态系统、城市绿地碳汇核算及生态价值（包括碳吸附、涵养水源、改善空气质量）呈现。（2）碳查：生态系统植被健康状态跟踪，病虫害、火灾、不文明行为监控跟踪。（3）碳析：创建指标数据库（如绿地面积、单位绿地面积碳汇价值、单位绿地面积 GEP 价值等），进行年度趋势分析、空间分析、环比分析。（4）碳智：利用碳汇保护相关技术，不断促进森林生态系统健康发展。（5）碳信：进行林业碳汇

CCER 核减量分析计算，研究构建企业参与林业碳汇保护管理方案。

8. 零碳会议示范

其中，"零碳会议"即会议的"碳中和"，是指通过植树造林、购买林业碳汇等方式，抵消会议期间直接或间接产生的温室气体排放量。平台搭建碳普惠项目，上线本地林业碳汇零售渠道等。通过填写会议相关信息，平台可自动核算会议温室气体排放量，购买相应碳汇可获得"零碳会议"认证。

9. 数字"双碳"碳智平台

主要包括以下四项内容。（1）构建绿色技术产品库：基于国家标准（如绿色低碳技术目录等），构建绿色低碳技术库及绿色产品名录库，为企业低碳转型、居民绿色生活提供支撑。（2）构建林业碳汇项目库：依据地方特色，构建已有及潜在林业碳汇项目库，为地方碳交易碳金融等相关产品提供产品及数据支撑。（3）构建需求库及专家库：为政府企业及行业专家搭线，形成"双碳"相关需求库及人才库，助力"双碳"目标快速达成。（4）优秀成功案例展示：对地方先进低碳技术、绿色产品等成果，以及成功项目等进行展示。

10. 数字"双碳"碳信平台

依据企业历史（年度、月度）碳排放数据及绿色低碳技术、能源使用等数据，对企业进行碳画像刻画。可用于碳金融、碳信贷参考。

单位/居民碳积分：依托绿宝碳汇 App，依据居民步行、乘坐地铁以及参与志愿活动等方式获得碳积分（绿币），其可兑换各类绿色产品。助力全民绿色低碳生活。

第六节　要素市场培育

数据要素市场是全国统一大市场的重要组成部分。2020 年 4 月，中共中央、国务院发布的《关于构建更加完善的要素市场化配置体制机制的意见》指出，要通过推进政府数据开放共享，提升社会数据资源价值，加强数据资源整合和安全保护，加快培育数据要素市场。2022年4月，中共中央、国务院发布《关于加快建设全国统一大市场的意见》，明确指出数据要素市场是全国统一大市场的重要组成部分，提出要建设统一的市场基础制度、统一的市场监管公平、统一的市场设施高标准联通、统一的商品和服务市场，以及在土地和劳动力市场、资本市场、技术和数据市场、能源市场、生态环境市场层面建设统一的要素和资源市场。数据要素作为五大生产要素之一，其所形成的数据要素市场天然地就成为全国统一大市场建设的重要组成部分。

数据要素对其他生产要素有明显协同促进作用。相比于传统土地、劳动力等生产要素的有限性，数据要素具有可共享、可复制、可无限供给等特征，对其他生产要素有着倍数杠杆效应，可以有效赋能人才、资金、技术等要素。数据流可以充分牵引人才流、资金流、技术流、信息流，数据链可以有效发挥围绕产业链、整合数据链、链接创新链、激活资金链、培育人才链等功能。

目前，依托信息科学和互联网技术的迅猛发展，数据要素与其他生产要素之间的深度融合已经成为大势所趋，数据要素与其他要素的协同促进已经明显地开始培育出新模式、新产业、新市场和新生态。

全国统一大市场建设中着重突出数据要素市场建设。数据要素全国统一大市场具有统一性和多元化的辩证关系，数据要素市场的有效建设和高质量发展，需要协调好统一和多元的关系，统一主要体现在法律法规、市场标准等方面，多元主要体现在交易模式、市场体系等方面。

数据要素市场的互联互通需要统一。法律法规需要中央和地方制定相对统一完善的数据要素相关法律和条例，在数据授权流程标准、数据交易流通安全等方面提供充实保障。各级数据要素市场监管机构需要统筹国内和国际两个方面，制定规范的流通标准和交易规则，确保各地数据要素市场不会成为各自独立、相互割裂的地方市场，既能够在省际实现无缝衔接，形成全国统一大市场，又能够和国际市场互联互通，推进数据要素的跨境流动和贸易。

数据要素市场的充分活跃需要多元。拓展数据流通渠道，需要多样化数据交易模式。数据要素市场培育过程中，需要数据交易平台、数据银行、数据信托、数据中介等多种数据资产化途径。丰富数据交易内容，可以参考土地和资本市场体系，形成数据要素的多级市场体系。一级市场侧重原始数据的清洗，将原始数据汇聚成高价值数据；二级市场侧重数据的治理，形成标准化数据产品；三级市场侧重基于数据产品的场景应用，赋能金融、医疗、交通、"双碳"等多种数据应用场景。通过交易模式和市场体系的多元化，吸引多种市场主体参与，形成多元化数据要素生态价值系统。

立足新发展阶段、贯彻新发展理念、构建新发展格局，推进数字经济时代的全国统一大市场建设，一方面需要充分发挥市场在要素和资源配置过程中的基础性作用，同时建设契合国情、凸显特色、要素多元、功能多样的国内统一大市场；另一方面要充分发挥数据要素的赋能作用，通过数据要素全国统一大市场的建设，牵引和服务其他要素全国统一大市场建设，贡献更多数字时代的中国发展模式、解决方案和思想智慧。

具体实践方面，本部分选取河南省工业和信息化厅大数据产业发展局开展的具体工作实践，笔者在该局挂职工作，深度参与数据要素市场培育相关工作。加速培育数据要素市场是该局年度重点工作之一，主要内容有：一是做强做大郑州数据交易中心，提升数据交易能级。培育规范的数据交易平台和市场主体，建立健全数据资产评估、登记结算、交易撮合、争议仲裁等交易运营体系，加快推进数据交易。二是加强中原数据要素生态产业园建设，加大园区企业招商引资工作力度，积极对接国内数据要素领域优质企业，开辟绿色通道，助力企业入驻。三是持续开展 DCMM 贯标、首席数据官、数据资产评估试点、数据要素市场培育城市试点工作，提升企业数据管理能力，挖掘数据交易产品，推动公共数据入场交易，进一步扩大交易规模。四是筹建河南省数据资产研究院，开展数据要素市场培育理论、大数据产业发展等领域的课题研究和技术创新，为河南省数据要素市场培育工作提供智力支持。五是持续探索数据基础制度，在数据产权、流通交易、收益分配、安全治理等领域形成一批成功经验，促进数据高效流通。

河南省作为全国首个开展数据要素市场培育试点城市工作的省份，为深入贯彻落实中共中央、国务院《关于构建更加完善的要素市场化配置体制机制的意见》，加快培育数据要素市场，发挥数据的基础性战略资源作用，赋能全省经济社会高质量发展，根据《河南省大数据产业发展行动计划（2022—2025年）》（豫政办〔2022〕90号）工作部署，省制造强省建设领导小组办公室决定组织开展河南省数据要素市场培育城市试点工作。

一、试点要求

以习近平新时代中国特色社会主义思想为指导，全面贯彻党的二十大精神，深入实施国家大数据战略和省委省政府数字化转型战略，坚持试点先行，加快培育数据要素市场，探索建立符合数据要素特点的市场化配置体制机制，理顺数据要素市场培育工作机制，研究建立数据要素资源管理和流通交易市场体系，推进数据资源采集归集、开发利用和有效治理，促进数据要素高效配置、有序流通和公平交易，充分释放数据要素价值，推动数字经济发展，助力数字河南建设。

通过试点工作，力争实现以下目标：一是建立健全统筹协同的区域性数据要素市场培育工作机制；二是探索建立集数据要素确权登记、检索调度、流通交换、安全监管等功能于一身的区域性数据要素资源管理平台；三是培育一批数据要素市场主体和载体；四是建设全量数据要素供给目录，形成一批可供交易的数据产品和服务；五是构建一套支撑数据要素市场培育的政策体系与运营体系；六是总结一套具有区域特色和推广价值的先进典型案例。

二、试点时间

自正式批复之日起，试点期2年。

三、试点方向

试点城市可结合实际自主选择以下方向开展试点工作，也可根据试点要求和工作需求补充新的试点任务，打造试点特色。

（一）推进数据资源开发利用

一是梳理辖区内数据资源，绘制数据资源地图，研究构建数据资源体系，建立全量数据资源目录，建设重点行业数据中心和数据库；二是推广 DCMM 国家标准，开展全流程数据治理和数据资产评估，探索数据资产定价机制，推动形成数据资产目录，制定一批数据资产评估标准规范，发掘一批具有行业领域特点的数据产品和数据服务；三是探索建立政务数据和公共数据授权运营制度，研究制定数据授权使用服务指南，建立健全数据运营规则；四是推动大数据与经济社会各领域深度融合，打造一批数据驱动的应用场景和解决方案。

（二）构建数据要素生态体系

一是梳理骨干企业、核心技术、关键产品等清单，编制数据要素产业图谱；二是围绕金融、教育、卫生、交通、文旅等重点领域，培育壮大数据要素市场主体，构建以数据要素为核心的数商生态，建设数据要素产业园（基地）等产业发展载体；三是引进国内知名数商企业和研究机构，积极发展数据加工、数据中介、评估认证、合规审查等数据服务；四是统筹政府、高校、科研机构、企业、行业协会、产业联盟等多方资源，推动建设重点行业大数据实验室、融合创新中心等创新载体；五是规范数据交易管理，建立健全数据登记结算、交易撮合、争议仲裁等数据交易市场运营体系，推动数据产品和数据服务在郑州数据交易中心上架交易，鼓励在郑州数据交易中心建设地市、重点行业数据流通交易专区。

（三）强化数据要素安全监管

一是探索构建行业领域数据分类分级体系，研究编制行业领域核心数据目录和重要数据目录，分行业开展差异化授权与安全管理工作，总结形成行业性数据分类分级技术规范和标准；二是建立健全面向数据的信息安全技术保障体系，探索建立数据安全运行维护机制；三是强化行业监管，构建多方协同监管模式，创新完善数据要素流通规则、技术路径、标准规范和商业模式，确保数据产品流通安全可信、可控、可溯源。

（四）完善数据要素政策体系

一是出台推动数据要素市场培育的政策文件和发展规划，统筹布局数据要素市场各项工作；二是在大数据技术创新、融合应用、产业发展以及重大项目建设等方面制定行之有效的支持措施；三是建立企事业单位首席数据官制度，探索开展数据经纪人试点，解决数据要素特别是高价值数据在市场经济中的应用难点、供需痛点、融通堵点。

四、申报条件

申报数据要素市场培育试点的城市应同时具备以下条件。

（1）政府高度重视。规划和部署了数据要素市场培育工作，已经或正在建立组织机构和工作机制，资源整合能力较强，组织和政策保障有力。

（2）数据资源丰富。辖区内数据采集广泛普及，数据归集形成规模，重点行业和领域大数据应用需求迫切。

（3）产业基础显著。辖区内大数据产业具备一定发展基础或优势，拥有大数据领域骨干企业，具备一定的数据采集、处理、加工、应用能力。

五、工作程序

（1）自愿申报。试点申报城市可根据要求，组织编制《河南省数据要素市场培育试点城市建设方案》（以下简称《建设方案》，编制提纲见附件），于 2022 年 12 月 21 日 18：00 前将申报材料（包括：《建设方案》及其他相关材料，含电子版）一式两份报省工业和信息化厅。

（2）审核确定。省工业和信息化厅汇总各试点申报城市材料，适时组织召开专家评审会，对试点申报城市开展实地考察，综合评价后确定 3—5 个试点城市。

（3）签订协议。省工业和信息化厅和试点城市人民政府签署数据要素市场培育战略合作协议。

（4）组织实施。试点城市依据《建设方案》制定试点实施方案并组织实施。试点期满 1 年，省工业和信息化厅将组织中期评估，并对先进经验做法、典型案例予以宣传推广。试点期满后，将组织评估验收，对试点成效显著、市场发展前景良好的试点城市进一步加强指导，打造数据要素市场高质量发展标杆。

六、相关要求

（1）要加强组织领导。各省辖市政府、济源示范区、航空港区管委会要高度重视数据要素市场培育工作，健全工作机制，将数据要素市场培育纳入市政府重要议事日程，将试点建设列入本地区重要工作任务重点推进。要进一步创新工作思路和模式，制定出台有利于数据要素市场培育工作的配套政策，加强工作统筹协调，及时解决有关问题，切实保障试点各项任务有序推进。

（2）要科学编制方案。试点城市要广泛开展调研，全面把握大数据产业发展现状，系统分析数据要素市场培育工作的重点和难点，认真组织编制试点建设方案，明确试点方向、任务和目标，确保方案紧贴实际、切实可行。要充分考虑数据要素市场培育和大数据产业发展的规律，突出重点，兼顾全面，争创特色，创建样板。

（3）要强化协调保障。省工业和信息化厅要牵头成立数据要素市场培育试点城市工作专班，加强试点工作的协调、督促和指导，同时成立试点工作专家指导委员会，确定技术支撑单位，定期跟踪调研各试点城市工作开展情况，适时举办数据要素市场培育城市行活动，组织专家答疑释难，并开展现场指导和诊断服务。

第四章 面向碳中和的数据要素价值化新模式

第一节 横向：数据确权授权运营

一、数据登记确权模式

在数据确权实践方面，现有的比较前沿的做法是数据登记机制。通过建立统一的数据登记制度，利用制度配合相应的技术手段标记数据的权属，实行数据登记并提供数据资产凭证，鼓励和引导在依法设立的数据交易平台开展数据交易，为数据确权提供先行先试、切实可行的路径和方法。比如，目前国家工业信息安全发展研究中心在积极探索推进建立全国数据登记平台建设，可以重点推动依托省级数据交易平台，构建公共数据资源有偿使用新模式，培育数据创新应用生态，试点推行数据产品登记制度，引导数据产品登记流通[84]。数据登记的价值可体现为以下三方面。

（1）对于登记企业，可提升数据可信度。通过数据登记，为数据持有方提供第三方信用背书，便于数据销售推广；数据资产凭证可应用于数据资产登记、数据授权使用、数据跨域流通等环节，形成完善的数据资产管理运营体系。其中，在公共数据跨域流通应用中，公共数据资产凭证是数据流转权属、用途、相关方权责的重要载体，是数据流通的核心业务保障，可支撑数据流通全流程的可追溯、防篡改、可监管，使数据市场各方权益得到有效保障，实现数据安全流通[84]。

（2）对于行业主管部门，便于大数据行业监管。通过数据登记，进一步摸清数据资源家底，并对其来源、去向进行有效存证和持续跟踪，便于行业主管部门加强对大数据行业的监管，实施科学决策[84]。

（3）对于数据要素市场，可促进数据要素资产化。通过数据登记，建立数据资源目录并建立档案，实现数据要素资产化。一方面解决了数据合规问题，另一方面实现了数据安全高效流通。数据登记可以利用好区块链技术，联合全国各地区交易机构、协会联盟等组织建立登记链，实现产品登记标识唯一且全国通用，明确数据登记的信息标准以及申请、审查、批准、公示、发证等流程标准，为数据登记的开展提供了标准制度的保障。借助区块链技术不可篡改的特性，搭建数据登记链，各省市数据交易中心均作为登记链的节点。为各节点登记的数据打上唯一标签，实现数据资产唯一性确权，既能共享数据资源，减少重复登记，又能打通各个省市交易平台之间的壁垒，探索建设数据资产登记、评估、交易和增值的生态体系，推动数据资产的开发利用和价值挖掘[84]。

二、公共数据授权模式

公共数据授权是指经公共数据管理部门和其他信息主体授权、具有专业化运营能力的机构，在建立安全可控开发环境的基础上，组织产业链上下游相关机构围绕公共数据开展加工处理、价值挖掘等运营活动，产生数据产品和服务并实现数据要素价值增值的相关行为。目前的公共数据授权运营方式仍在探索中，从已有实践来看，数据授权过程实质是特殊的行政协议关系[85]。通常，授权机制可以分为一般授权和特殊授权两种形式。一般授权是授权数据处理者对数据的有限利用，不得将可识别到的个人信息数据用于其他目的；特殊授权是被授权处理者对数据的无限利用，即处理者可将数据共享、转让给其他市场主体。无论是一般授权还是特殊授权，数据共享、市场交易缺乏具有公信力的第三方平台是目前数据分析行业的普遍共识，这导致数据的共享和交易各方缺乏足够的信任[83]，登记确权机制可以合理解决上述问题。

在授权的实践层面，根据不同需求导向可将授权运营模式细化为行业主导模式、区域一体化模式以及场景驱动模式等类型。行业主导模式是基于垂直领域行业管理部门的授权指导，其下设机构负责该行业领域的公共数据运营平台建设、开发和运营。区域一体化模式是本地数据管理部门委托当地数据运营企业开展区域内公共数据运营平台的建设、开发和运营。比如，成都市将公共数据开发利用权统一授权给成都市大数据集团；抚州市将政务数据授权给本地国资属性的数据运营企业。场景驱动模式是基于上述两种模式，在完成行业、区域数据统筹管理的前提下，根据不同应用场景和服务对象，有针对性地分类授权并引入专业化数据和相应的运营机构，分行业、分场景挖掘公共数据价值的授权模式。

三、公共数据运营模式

在完成公共数据合规授权之后，建立何种平台、依托何种技术、设立何种制度开展运营是需要重点关注的问题。

可依托国资企业建立数据要素资产化管理平台，采用统一授权的方式对综合性数据资源进行开发应用，将行业性质的公共数据授权给系统内第三方运营，避免过分集中带来的授权垄断及权力寻租。比如，按照江西省抚州市的运营模式，本地运营依托超大容量蓝光存储技术、全介质全场景一体化智能存储技术、数据湖数据资源管理技术、数字视网膜技术等信息工具实现数据的全量存储和全面汇聚。在数据保险箱服务的基础上开展标准化的场景运营和受托服务运营，激活数据资源池的数据要素价值。数据保险箱服务为数据拥有者提供有偿存储服务。该模式通过标准化场景运营、受托服务运营和数据保险箱服务运营来实现模式创新和业态创新，带动产业转型和企业发展，借助数据要素资源池探索公共数据运营新模式。

从数据运营的全流程来看，主要涉及数据供给方、数据运营方、数据需求方三大主体。作为数据供给方，各级政府汇聚所有部门数据，将政府数据市场化运营权授权给数据运营商；数据运营方通过数据清洗、脱敏等处理与数据挖掘分析，为数据需求方提供数据核验、数据分析等数据服务。从公共数据的价值变现过程来看，是个人、企业、政府和平台持续深度合作、共同维系的结果，具有伴生主体性、多方贡献性和合同不完全性等特征。[86] 按照公共数据市场化运营和权益分配思路，要符合个人数据与公共数据的共同权益，再按照各方在数据要素价值实现活动中的贡献度确定权利边界。要重点关注数据要素价值链上不同权益主体利益关系的协调和平衡，使各个利益主体的权益和激励能够相容。现有实践和研究认为，可以通过个人、企业用户的二次数据上链，确保身份数据、内容数据、行为数据的安全、可信和不可篡改，提供数据授权、认证、计费，实现个人数字身份和个人数据资产的全环节存证、确权、授权、流转及二次开发的新型信息基础服务。上述服务的核心可以看作遵循《中华人民共和国个人信息保护法》（简称《个人信息保护法》）并作为个人信息的行权工具，可作为数据确权的技术工具和实现手段。可信数据二次数据流转过程中的数据归属是个人，而非平台方，数据可以实现跨平台授权使用。此过程中的关键技术在于两个方面：一是个人数据上链解决身份确认和数据确权的问题；二是二次数据创新技术解决数据流转的问题。一个完整的数据授权流通过程包含三个核心环节：一是使用者发起场景请求；二是用户同意授权使用数据；三是提供者提供相关数据。比如，数据使用者在正式调用数据接口前，需要数据使用者的操作人员在开放平台模块发起数据使用申请，平台会向地方管理部门（大数据中心、大数据局）和数据所属委办局发起使用数据服务的授权申请，系统会自动为本次申请生成一份待签署的授权书。申请需要先通过地方管理部门（大数据中心、大数据局）审核同意，再经过数据所属委办局复核授权并签署授权书。对于以上过程，平台都会通过保全系统采集相关信息，构造完整的证据链。通过中心化方式将保全文件上传至网络信任能力服务平台的存证中心，生成对应的存证记录。平台方运营人员可查看所有的存证记录，记录详情包含存证信息、用户信息、授权信息、保全文件等[87]。

从数据使用权来看，应重点关注人格权利的保障。比如，上述过程可以体现为用户授权+平台授权+用户二次授权的授权机制。用户授权作为数据流通的逻辑起点，是保障用户数据知情权的前提[88]。在企业层面，一方面在数据采集之初就应遵循合法的采集标准，如果是平台自行采集，需获得用户同意及授权，如果是平台企业为第三方提供数据服务时，应回溯至用户层面，进行二次授权，在保障合法权益、避免后续侵权行为的同时，也为收益分配多样化和价值转化便利化提供保障[88]。

四、数据授权运营机制

（一）基于"确权－授权－运营"三位一体价值实现机制，重点引领"一中心，多节点"的数据要素实践布局

当前公共数据授权运营还在探索之中，公共数据运营系统、平台仍在建设当中，存在着不同级别的行政区域各有不同公共数据系统（平台）的情况，如省级、地市级，甚至更低行政级别的公共数据系统，各级系统未充分将上述平台进行整合和融通，应将省级平台作为省市一体化及"一网共享"的基础，实现对公共数据资源的统一管理。比如，通过省市共建的方式，在建立省级数据交易平台的基础上，将地市平台作为节点开展公共数据授权运营。同时，考虑到授权运营经济成本和管理成本的最优化，县一级因为行政区域相对较小，很多公共数据为地级市公共数据系统所涵盖，因此，在地级市一级的公共数据系统开展授权比较合适。同时，运用省、市两级属地化资源优势，通过探索构建"省市两级数据产品孵化与推广基地"，在设计、研发、市场推广等方面构建核心能力，打造数据增值服务产品，建立孵化优质数据增值服务产品良性机制，推动数据产业规模化发展。图4-1为公共数据"三位一体"运营模式。

在此过程中，公共数据安全作为数据增值的基本保障。一是可在现有政务云中搭建共享开放平台，保障数据不出域，数据可用不可见；二是在搭建的共享开放平台中进行数据的清洗、加工和深度开发，在政务云的开放共享平台开展治理。由此，可以建立一个省级交易中心，多个城市交易节点，分管多种不同功能节点，如确权节点、交易节点和治理节点等；在确权节点应

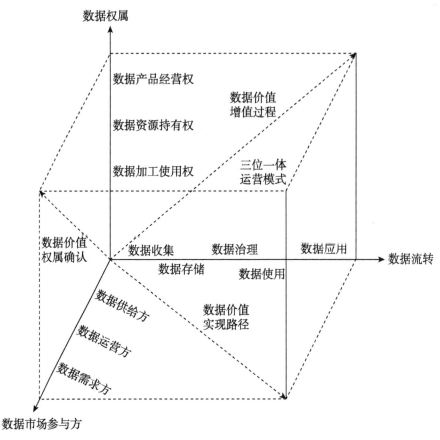

图4-1 公共数据"三位一体"运营模式

内嵌数据登记体系、数据标识体系和数据计量体系;数据交易节点涉及数据供给方、数据需求方、数据开发商、数据监管方以及第三方生态服务商等多方角色。依托"基于数据确权的数据要素流通交易系统"国家试点示范项目,探索数据所有权、数据使用权、数据收益权分离的数据确权模式,健全基础性制度规范,培育数据公证、数据审计、数据仲裁等专业中介机构[13]。图4-2为"一中心,多节点"省市共建模式。

开展授权工作的前提是对公共数据资产进行登记,为通过必要审核流程的公共数据资产予以登记并制发数据资产登记证书。明确规定公共数据资产登记和评估各个环节的工作要求和具体流程,以推动实现公共数据资产登记、

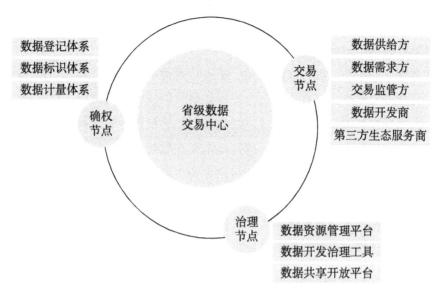

图4-2　"一中心，多节点"省市共建模式

流通、价值评估全闭环管理，破解公共数据资产进入流通环节的诸多难点。上述登记确权过程可作为数据流通领域的起点和监管信任原点。确定将原始数据进行模型化处理生成产品的确权思路，用加工完成的产品向政务数据管理部门申请数据产品资产登记，同时确保产品在特定场景、特定企业、特定范围使用。在公共数据资产登记过程中应用了数据要素成本法、市场法、收益法的理论，通过核算数据要素产品化过程中的各类成本，委托具备资质的第三方公司进行价格评估，为交易双方在磋商定价环节提供参考。

（二）坚持"政策制度"和"技术平台"双轮创新驱动，持续完善以"数据银行"运营模式为核心的数据资产化基础设施

在完善公共数据运营及交易实施路径的过程中，应不断加强组织支撑及保障体系建设。首先，组建专门的公共数据管理机构（比如政数局等），建设涵盖数据收集、数据治理、数据运营、数据交易、数据安全和数据监管在内的全链条、全周期数据管理体系。在此基础上，组建由国资主导的数据集团公司，对政府各部门、各事业单位汇聚的公共数据，进行数据处理和数据产品开发。其次，应组建数据资产登记中心，对公共数据资产进行登记，对数

据资产进行价值评估和定价，可对数据流转全过程进行监管和追溯，可准确记录数据被调用的频次和应用场景，保障数据市场各主体权益。在省级层面组建数据交易中心，对标准化数据产品进行定价和平台内交易。该路径可以看作将数据要素作为国有资产进行市场化运营的模式，通过引入数据登记平台、数据确权基础设施服务平台、数据资产化运营平台以及数据产品超市等形式提供新型数据服务能力。上述过程需要在原始数据不出域的情况下，以标识技术、区块链技术、隐私计算技术等为工具，完成数据确权、数据使用和数据产品服务的交易。各数据运营主体依据其权限范围使用和运营数据，实现各类数据的融通和价值倍增，充分释放数据要素的应用潜能。

各类主体还将不断加大数据流通技术研发力度，加强敏感数据识别、数据脱敏技术、数据泄露防护技术等方面的突破，为实现跨平台环境下数据安全合规应用，提升移动多方、分布式计算中的非公开数据保护能力，为防范隐私敏感数据泄露提供更为安全、可靠的流通技术支持。加大数据安全防范技术投入，特别是要强化以5G、区块链、人工智能为代表的新技术研发，为鼓励数据安全服务企业加大研发投入，可借助税收减免等扶持政策升级数字技术在数据安全产品中的转化效能，全面提高数据传输、存储、访问等环节的加密性与可追溯性，强化安全防范技术水平。[88]

第二节　纵向：数据资产评估试点

一、行业数据资产评估

本次数据资产评估试点，以第三章中河南省数据资产评估试点工作为基础，参考图4-3中团体标准数据资产评估参考标准，在现有《个人信息保护法》《中华人民共和国数据安全法》（简称《数据安全法》）等国家法律和相关标准规范的要求下，按照数据的质量要素、成本要素和价值要素三个维度，结合收益法、成本法和市场法综合开展评估。

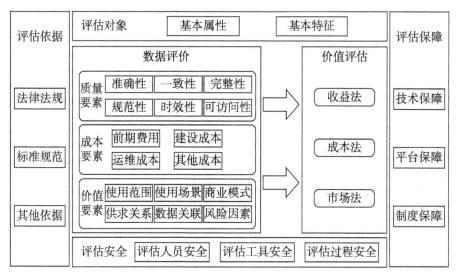

图 4-3 数据资产评估试点工作参考标准

整个数据资产评估试点工作的流程如图 4-4 所示，包含确定评估试点企业名单、确定数据评估依据流程、确定数据资源评估范围、开展数据评价评估工作、出具评估报告及价值凭证、组织对接数据资本服务六个环节。

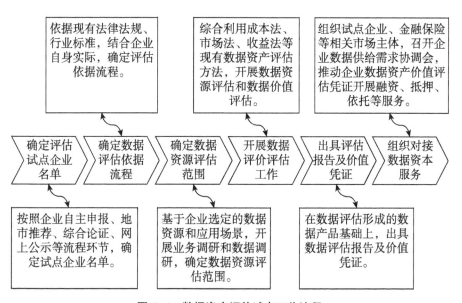

图 4-4 数据资产评估试点工作流程

确定数据资产评估试点企业名单后，主要的工作内容包含数据资源梳理、合规安全审查、数据确权登记、数据质量评价、数据价值评价、数据资产评估和数据资本服务七个部分。其中数据资源梳理以场景驱动，梳理企业数据资源，确定评估范围，明确应用场景涉及的数据资源权属（交易、自产、授权）；合规安全审查是组建安全合规审查团队，针对指定数据资源清单，开展安全合规检查，排查安全风险隐患，形成数据合规报告；数据确权登记是对权属明确和场景清晰的企业数据资源进行登记存证；数据质量评价主要指按照质量要素等维度，对数据资源进行质量评价，形成可开展质量评价的数据资源；数据价值评价指的是基于成本要素、价值要素等维度，对企业数据资产进行价值评估，形成可供资产评估的数据价值评价结果；数据资产评估指的是综合利用成本法、市场法、收益法等评估方法，形成数据资产评估报告，数据资产对内按企业会计准则记为企业无形资产，对外则形成一批数据产品/服务，形成可供融资、抵押、信托的企业数据资产价值评估凭证；探索数据资本服务指的是帮助企业对接金融机构，以企业数据资产价值评估凭证为基础，探索开展数据资产质押融资、数据资产担保信托等数据资本服务。具体工作流程和支撑单位如图 4-5 所示，当前进展信息如表 4-1 所示。

二、城市数据资产评估

（一）选择研究对象

为了确保评估对象覆盖范围的客观性、全面性和有效性，本书参考其他白皮书、文献等城市排名报告，基于南北均衡、东中西部兼顾等考虑，选取了数字化发展具有明显差异的城市群以及全国主要省份的 14 个代表城市作为研究对象，包括北京、天津、无锡、上海、杭州、南京、广州、成都、贵阳、青岛、德州、郑州、抚州、大连，检验所构建的评估体系和评价方法的科学性。

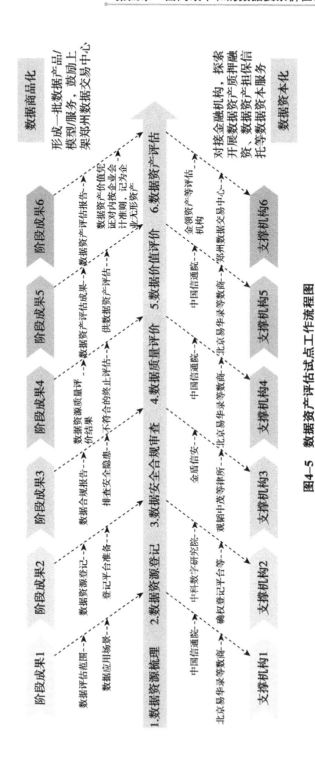

图4-5 数据资产评估试点工作流程图

表4-1 数据资产评估试点企业评估信息统计表

企业代码	A	B	C	D	E	F
相关业务	版权登记、数字藏品	农业物联网	—	网络货运	平台数据	金融科技
拟评数量	32.5TB	81GB	—	10万条	2000万级	1.2亿条
数据类型	非结构化	结构化	结构化、非结构化	结构化	半结构化	结构化
数据来源	二次加工、外部引入	感知设备产生	系统生成、设备产生、二次加工	系统生成	系统生成、二次加工	人工采集、系统生成、二次加工、外部引入
更新频率	月	分	秒	日	秒	年、月、日
数据类型	业务	生产	生产、管理、业务	管理、业务	业务	管理、业务
安全维度	低敏感	高敏感	高敏感	中敏感	中敏感	高、中、低敏感
总成本（万元）	758	7700	—	130	658	100
应用范围	文化产业	农业物联网	云服务、工业互联网	网络货运	中小企业、电子商务	供应链金融、科创金融
应用方式	交易服务、数据加工	农业服务	联合实验室	税务开票	产品策略、供应链撮合	API服务、大数据平台
应用风险	监管政策不清	敏感性风险	个人隐私保护	—	信息安全风险	企业数据安全风险
供求关系	稀缺性高、壁垒高	规模大、稀缺性高	稀缺性高	稀缺性高	稀缺性低、规模大、价值低	特定金融服务场景
数据收益（万元/年）	300	5600	—	—	未产生正向营收	—
后续相关工作	数据产品/服务研发、融资计划/股权投资	数据产品/服务研发	数据产品/服务研发	数据产品/服务研发	数据产品/服务研发	数据产品/服务研发、融资计划/股权投资

（二）采集指标数据

涉及的指标评价要素主要来自相关法律法规、政策、年度计划与工作方案、标准规范、新闻报道、报表、报告等资料，如《成都市公共数据管理应用规定》《北京市公共数据管理办法》等，分析方法涉及网络爬虫、文献调研、问卷调研等方式。对于某些定量指标，通过机器自动抓取资料，在此基础上对其进行描述性统计分析、交叉分析、文本分析和空间分析，如从政府公共数据开放平台上爬取数据下载次数。对于需要专家评估和问卷调研的指标，采用分层抽样调查的方式进行采集；对于平台功能类的指标，采用人工观察法对各个平台、各项功能进行观测并做描述性统计分析。

（三）分析评估结果

通过对各城市的数据资产化评估，14 个重点城市的数据资产化指数平均值为 83.3，综合得分排序由大到小依次为：北京、广州、上海、贵阳、杭州、无锡、青岛、天津、成都、郑州、大连、南京、德州、抚州，其中有 9 个城市的指数超过平均值，占比 64%。从分数分布来看，榜单排名靠前的城市得分在 90 分以上，远高于平均值，榜单排名靠后的城市得分在 65—75 分，显示出城市间数据资产化程度差异较大。

通过对各城市数据资产化内部结构进行分析，发现其内部发展结构各不相同。数据汇聚存储方面，14 个重点城市的单项得分排序由大到小依次为：北京、广州、无锡、上海、郑州、杭州、大连、南京、贵阳、成都、天津、青岛、德州、抚州。贵阳作为大数据之都，其数据存储总量占优势，但是其在物联网、工业互联网等产业数据采集能力上不具备优势，所以排名靠后。

数据开放共享方面，14 个重点城市的单项得分排序由大到小依次为：贵阳、北京、广州、上海、青岛、无锡、杭州、成都、德州、郑州、天津、抚州、大连、南京。南京由于不具有数据开放共享平台，并且开放共享现状指标是值得平台使用的现状，因此近 2/3 的指标都为 0，所以得分最低。

数据开发利用方面，14 个重点城市的单项得分排序由大到小依次为：北京、广州、上海、杭州、天津、贵阳、青岛、成都、南京、无锡、郑州、大连、德州、抚州，该项整体得分都较高，但相比其他项，无锡在该项落后，主要在于城市中个体（个人、企业）对数据的开发利用程度低，因此，无锡还需提高开发利用的良好氛围。

数据融通交易方面，14个重点城市的单项得分排序由大到小依次为：北京、贵阳、天津、杭州、青岛、无锡、上海、广州、成都、抚州、德州、郑州、大连、南京。该项分差两极分化较为严重，排名落后的企业进展约为0，也较为符合现实，即数据交易融通处于刚刚起步阶段，较多城市处于观望状态。

数据产业成效方面，14个重点城市的单项得分排序由大到小依次为：成都、上海、广州、北京、天津、青岛、无锡、贵阳、郑州、大连、杭州、南京、德州、抚州。该项主要从经济角度评价，而近年，成都经济尤其是数字经济高速发展，无论是软件电子类企业还是产业发展政策力度都靠前，晋升为内陆新一线城市。

总体而言，北京、广州、上海的各项指标排名均靠前，各个环节均衡发展；贵阳、青岛、成都在数据汇聚存储方面存在明显不足；杭州在数据产业成效方面的得分较低；无锡在数据开发利用方面相对落后，但是在汇聚存储方面有较大优势。此外，排名靠后城市得分均远低于平均值，表明这些城市在数据的应用和流通中挖掘数据价值，使其成为真正意义上的数据资产方面还存在较大问题（见图4-6）。

（四）与其他评价指标的对比分析

为了验证本指标体系的科学性和特点，本书角度为数据资产化，和数字经济、智慧城市有相关之处，经过与公开的、相关的白皮书和报告进行对比，结果如表4-2所示，可以得出本指标体系客观反映了城市数据资产化水平。具体来说，贵阳、南京得分和其他三项差异较大，主要在于贵阳近年定位为大数据之都，其存储、政策红利、交易等都在前列，但是贵阳经济基础相比其他城市处于弱势，而数字经济和城市建设往往需要多年积累，因此排名上处于劣势。而南京作为历史名城，经济基础好，人才优势足，产业容易聚集，但其数据开发利用和融通交易有明显短板，所以整体排名靠后。由此也可以

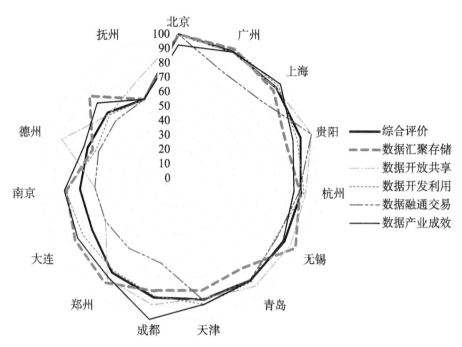

图4-6　14个城市数据资产化分指标得分雷达图

看出，本指标体系充分站在数据资产化角度，紧密围绕数据生命周期对城市进行评估，其评估结果和数字化发展相关指标体系的排名既有相似之处又有其特点。

表4-2　不同指标体系城市排名对比

城市	城市数据资产	数字经济竞争[a]	数字城市发展[b]	智慧城市建设[c]
北京	1	1	1	1
广州	2	3	3	3
上海	3	2	2	2
贵阳	4	14	11	12
杭州	5	4	4	4
无锡	6	14	10	11
青岛	7	8	9	6
天津	8	7	7	9

城市	城市数据资产	数字经济竞争[a]	数字城市发展[b]	智慧城市建设[c]
成都	9	6	5	7
郑州	10	14	8	10
大连	11	14	12	8
南京	12	5	6	5
德州	13	14	14	14
抚州	14	14	14	14

注：a. 参考自中国信通院发布的《中国城市数字经济发展报告（2021年）》

b. 参考自赛迪顾问数字经济产业研究中心发布的《2021中国数字经济城市发展白皮书》

c. 参考自孙伟平、增刚等发布的《中国绿色智慧城市发展智库报告（2021）》

（五）结论

为了科学、系统、全面地评估城市数据资产化的发展水平，本书从数据的全生命周期出发，设计了具有系统性、简明性、针对性、可操作性和科学性的城市数据资产评价指标体系，其模型包含资产化进程和要素两个视角，既包含"汇聚存储+开放共享+开发利用+融通交易+产业成效"的宏观模型，又内含"政策+能力+现状"的微观模型，进一步丰富了城市数据资产评估的理论体系。本书构建的城市数据资产化评估体系较为科学合理，5个一级指标的设置思路还原了数据从诞生到释放红利的全过程。数据汇聚存储是基础，数据开放共享和数据开发利用是关键，数据融通交易和数据产业成效是城市数据资产化的方向，彼此之间既存在同步发展的关系，又包含递推互促的关系。

在理论模型的基础上，通过选取北京等14个城市作为研究对象，对评估体系和方法进行实证研究，验证城市数据资产化评价体系的客观性和实用性，对14个城市的数据资产化结果进行分析并提供建议。

通过实证分析可以看到：领跑城市整体都较好，其移动终端单人拥有量、移动互联网普及率等基础设施和数字化发展政策较为完善，催生了移动通信的升级换代、服务模式和商业模式的创新与发展以及移动互联网应用的普及。加速城市虽然和领跑城市尚有一些差距，但其正采取积极措施推动城市数据资产化。其在数据汇聚存储等基础设施层面整体较好，如无锡建设数据湖，积极开展数据汇聚共享和挖掘应用；成都积极打造数据开放平台，推动公共数据开放，培育经济增长点。借鉴领跑城市和加速城市的经验，起步城市整体不均衡，还有很大发展空间。抚州在配套基础设施方面建设滞后，同时伴随智慧城市建设缓慢，但就其已有的智慧医疗建设情况来看，各方面都在稳步增长中。

（六）政策含义

数据融通交易是影响城市数据资产化排名的重要阶段。我国的数据交易产业起步于 2014 年，各地政府积极支持，但各家运营情况大多不尽如人意，成交量远远低于预期，甚至陷入搁置、停运状态，各地数据交易平台定位不明，配套的法规制度尚不完善是主要原因。2021 年 1 月 31 日，中共中央、国务院发布了《建设高标准市场体系行动方案》，提出"研究制定加快培育数据要素市场的意见，建立数据资源产权、交易流通、跨境传输和安全等基础制度和标准规范"。因此，城市数据资产交易要立足于制度、模式和交易，着力于解决当前数据交易的痛点问题。

城市数据资产化水平呈现出差异化的发展路径和定位[89]，错位互补是重要方法。各个城市的数据资产化水平有所差异，所处发展阶段、城市的定位和资源禀赋不同，在数据资产化过程中，仅靠单一城市自身的发展和调节，其资源调配能力无法满足需求。未来，一方面可以借助城市群发力，结合城市群中各个城市的特征和资源优势推进区域发展，促进城市之间的合作联动；另一方面，各具特色的城市在数据资产化过程中错位互补，更有利于打造特色鲜明的数据资产化城市。

聚焦各城市数据资产化发展短板，推动各阶段协调发展。城市的经济发展水平和其数据资产化程度相关但不绝对，因此"弯道超车"成为可能。领跑城市依托其在经济、技术以及政策方面得天独厚的优势，从而在数据资产化方面发展相对均衡，起步城市在资源集聚方面较落后。城市在分析现状、制定战略时，应分析表现差异和得分规律，找到原因，对症下药，稳步推进汇聚治理、共享开放、开发利用等工程，实现各方面均衡发展，稳步提升。

第三节　行业：数据基础设施使能

　　数据基础设施助力"双碳"工作的多维使能价值。数据基础设施是新时代高质量发展的重要基础设施，面向碳中和的数据银行是推动产业转型升级的新模式、新动能，能够为有效整合碳中和领域相关的技术流、物质流、资金流和人才流提供坚实的数据支撑和平台基础，最终为推进"双碳"领域产业模式创新、产业转型升级、数据要素融合共享和开放应用，进而助推政治、经济、社会和生态等多维效益和价值的实现（见图4-7）。

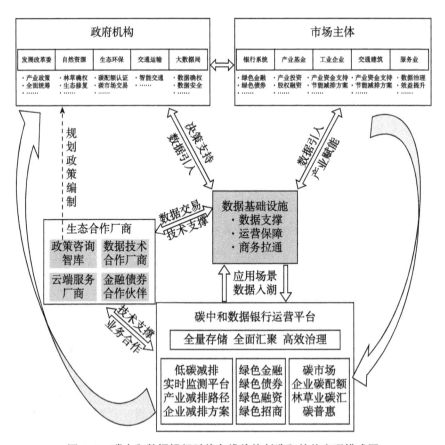

图 4-7　碳中和数据银行赋能多维价值创造和效益实现模式图

（1）政治效益：治理体系与治理能力现代化[1]

从全球视角看，绿色发展是人类命运共同体的重要价值内涵，实现"双碳"战略目标是中国对国际社会的庄严承诺。中国政府在"双碳"领域的承诺和举措，为推动全球积极应对气候变化，落实《巴黎协定》的减排目标，推动全球制定统一的绿色低碳技术标准，规范建设统一碳交易市场等，凝聚国际社会绿色可持续发展共识，共同构建全球人与自然生命共同体，展现中国负责任大国积极形象，推动中国参与国际治理体系和提升国际治理能力等诸多方面，都有着积极的政治效益。

从国内视角看，一方面，政府基于数据基础设施，通过布局和实施一系列工具和政策机制，包括政企合作的研发伙伴关系等，可以实现目标驱动的公共投资、需求刺激和税制改革等，打破阻碍生态创新的各类"锁定"和路径依赖，鼓励社会资源从传统技术向绿色经济转移，推动国家生态文明建设目标的实现；另一方面，基于碳中和相关的数据基础设施，以及由此衍生出的碳中和数据银行，可以帮助地方政府认清本地区"双碳"进展程度和存在的问题，支撑地方政府在"双碳"领域的科学决策和精准施策，推动国家绿色治理体系和绿色治理能力现代化。

（2）经济效益：产业低碳绿色转型

以碳中和数据银行为代表的数据基础设施可以在对"双碳"领域数据的全量存储、全面汇聚和高效治理基础上激活多元市场主体，实现对金融、工业、交通、服务业等产业的数字化、智慧化、绿色化、低碳化赋能，推动产业绿色转型升级。同时，实现碳中和战略目标，归根到底要靠技术创新和效率提升，通过外部成本内部化、加快生态创新，从根本上改变生产方式和生活方式。特别是创新作为经济增长的根本动力，需要在绿色低碳领域开展一系列技术和机制创新，而数据基础设施可以为市场主体开展技术和机制创新提供数据要素和平台支撑，可以推动区域创新系统基于绿色化、低碳化、数智化方向的重构和优化，最终在科技创新和机制创新进程中，实现产业绿色低碳转型。

（3）社会效益：绿色普惠生产生活

数据基础设施涉及碳中和数据银行，在政府层面，可以辅助政府绿色政策实施，通过绿色标准的健全、各种补贴的应用和政策法规的制定，鼓励消费者进行绿色消费，推进生活方式和经济增长方式绿色转变；在企业层面，可以推动企业采取积极绿色低碳措施，有效降低成本，提升绿色消费的规模效益、品质和体验；在群众层面，可以通过碳普惠等绿色行动机制，激励全民主动形成低碳、环保、节约、绿色的意识和习惯。通过政府端、企业端和群众端的合力，推动全社会生产方式绿色化、消费方式绿色化、生活方式绿色化、发展格局绿色化，促进生活方式和社会治理的双重变革实现。

（4）生态效益：人与自然和谐共生

"双碳"工作是生态文明建设不可或缺的部分，实现"双碳"目标对有效应对气候变化，构建优良生态生活生产空间，实现人与自然和谐共生，均有着极其重要的作用。当前社会经济和自然生态正处于高碳向低碳乃至零碳转型的关键时期，同时伴随着后疫情时代经济绿色复苏，通过数据基础设施探索最优资源配置，通过持续绿色创新，促成在能源结构、绿色消费、绿色制造等众多行业的价值链重构，推动高质量发展和绿色生态效益的提升。同时，在电力、交通、工业、农业、负碳排放领域，正在不断涌现一些新的绿色技术和模式，可以带来生活质量提升、生态环境保护等多重效益。这些在推动有效减缓气候变化，促进人与自然和谐共生，推动构建美好生活家园方面，发挥着不可估量的生态效益。

具体而言，可以通过能源大数据工业互联网平台、中国碳汇数字平台和外贸产品碳足迹数字化追踪体系等实现。下面对具体的实践路径开展详细介绍。

一、中国碳汇数字平台建设路径

我国有着丰富的自然资源和多样的生态系统，碳汇潜力巨大。碳汇是未来我国实现碳达峰并最终实现碳中和的有效途径之一。碳汇数字平台，是指通过数字化管理的手段，对各类碳汇实施精准监测、有效管理，并发挥市场机制手段展开碳汇交易、促进碳汇发展的一种手段。碳汇数字平台可以覆盖碳汇监测、管理、交易、核查等诸多功能，一个完善、准确、有效的碳汇数字平台，将在保障碳汇资源监测、评估、项目建设方面发挥支撑作用，将会对"双碳"目标的最终实现发挥重要作用。

（一）为什么要建设中国碳汇数字平台

1. 科学的碳汇监测需要数字技术

采用大数据技术能够实现碳排放和碳吸收的科学、全面的监测。通过对不同区域、不同主体的碳排放数据进行监测分析，可以动态跟踪碳排放变动趋势，实现对二氧化碳全生命周期变动的监测追踪。现有的碳汇数据平台系统的坐标体系、数据内容、数据形式等不统一，不利于全国碳汇数据信息的收集和汇总。碳汇监测尚未形成一体化模式，空间、地面、海洋和城市碳等监测平台并未整合，仍处于各自为政的状态，未形成天地空海一体化的整体平台和应用模式。亟待借助大数据、AI 等技术对碳汇的存量、形成机理和功能发挥等建立更加有效的应用模式，形成统一的监测平台。对土壤、作物、森林等环境要素进行数字化采集、存储和分析，已成为数字技术在碳汇方面的最重要应用之一。采用卫星遥感、航空摄影、地面设备观测等立体化监测手段，对森林、草原等自然资源进行高频、精准的数据收集，并通过集成平台实现对植被生长的全方位观察，可以更加精准地实现对自然生态系统碳汇潜力变化的监测。[16]

2. 精准的碳汇评估需要数字技术

碳汇的评估是以观察和实验数据为基础开展的，然而目前还存在很大的不确定性和不稳定性。由于数据基础、评估方法等的差异，碳汇评估结果往往差异较大，且碳汇潜力也是动态变化的变量，自然生态系统储存的碳汇也可能随着吸收饱和而碳汇量趋于零，甚至有重新释放的风险。虽然已有不少研究阐述了数字技术在农林和海洋碳汇方面所起的作用，但离实际应用仍有巨大差距，尚未实现"可衡量、可核查、可报告"的数字化智能观测和评估体系。大数据、物联网、数字孪生等技术在碳足迹监测、碳汇测量与评估等领域的研究与应用远远不足。[16]

3. 碳汇数字平台可以为开展碳汇交易提供基础保障

未来我国重启中国核证减排信用（CCER）交易，需要打造一个统一、有效的数字交易平台，保障碳汇交易的及时性、有效性、规范性。目前，国际林业碳汇市场主要由欧美等发达国家控制，碳汇项目分散、碳汇认证不统一、碳汇价格波动大[90]。通过打造碳汇数字平台，积极参与碳汇交易国际标准的制定，可以在气候变化谈判中为我国争取更多的话语权和主动权[91]。同时，通过打造碳汇数字平台，可以解决碳汇市场总体规模小、运作不规范、各个市场难以对接、碳汇交易形式单一等诸多问题，还可以增加风险评估能力、产品创新能力、绿色金融衍生品的开发能力，推动碳汇价值的实现和价格机制的形成[16]。

4. 碳汇数字平台有助于形成减排增汇的社会共识

数字技术引领的新业态、新模式变革还可以助推全社会能源消费理念转变，重构能源商业模式。例如，数字技术在能源领域深度融合，可以促进能源行业生产的精准监测计量、提高节能减排的管理水平，增强人们的能源节约意识，大幅提升能源使用效率，从而直接或间接减少能源行业碳排放量。碳汇数字平台可以借助"互联网+"的传播速度快、透明度高、信息量大等网络技术优势，利用"区块链"的公开性、不可更改性、可追溯性等数字技术特点，推动公众参与到碳中和的进程当中。例如，基于行为足迹等的碳汇数字平台，通过广泛的覆盖度与海量数据的高效处理，可以帮助建立个人碳账户，核算人为活动足迹产生的减排效益，有助于提高全社会减少碳消费、增加碳汇的自觉性和积极性[16]。

5. 碳汇数字平台能够引领和对接"双碳"目标规划

数字孪生技术能够助力碳减排与碳中和精准规划实施。在碳减排与碳中和精准规划实施方面，数字孪生技术可以发挥巨大作用。通过数字孪生技术，设定与碳中和目标相一致的规划目标，辅助分析全社会或行业的碳中和目标实现路径。借助于全过程数字链条的构建及数字画像，将企业核心业务规划和行动精准匹配，推动低碳转型和技术创新，从而为企业制定减排措施提供直接参考。例如，在工业生产中，采用数字孪生技术实现对生产全过程的实时动态跟踪与回溯，全面分析人、机、料、法、环、测等生产过程中的关键影响因素，挖掘碳排放过程中隐藏的"改善源"，提出以"双碳"目标为基础的解决方案[16]。

（二）建设什么样的中国碳汇数字平台

中国碳汇数字平台的建设，要结合国情区情地情，服务数字中国建设和"双碳"工作，兼容空天地海一体化、兼有国家-区域协同作用、兼顾科学研究和市场应用功能。

1. 建设空天地海一体化碳汇数字平台

中国碳汇数字平台是空天地海一体化平台。碳汇数字平台建设应当以地球系统科学理论为指导，综合空天地海一体化技术，以自然资源系统中自然碳汇综合调查和潜力评价为基础，系统考虑地球物理化学过程的各个主要碳循环模式、动态过程、演化趋势和碳汇通量，统筹山水林田湖草沙海农等生态领域，融合海洋、森林、草原、土壤、冻土、湿地、岩溶等自然系统。

2. 建设国家（中央）-区域（地方）协同型碳汇数字平台

中国碳汇数字平台是国家（中央）-区域（地方）协同型平台。中央层面，需要建立全国统一碳汇数据平台系统，包括坐标体系、数据内容、数据形式等，推动全国碳汇数据信息标准化和统一化，及时汇总掌握全国碳汇数据信息；地方层面，需要各地在中央制定的统一标准和规范下，结合本地资源禀赋和生态系统类型，建设凸显本地特征的区域碳汇数字平台，不断对标国家要求和地方目标。中央和地方协同互动，推动数字技术助力"双碳"目标实现。

3. 建设科学研究和市场应用兼顾型碳汇数字平台

中国碳汇数字平台是科学研究和市场应用兼顾型平台。科学研究方面，可以通过碳汇数字平台，提高碳汇监测与核算的效率，推动数字技术在分析林草生长、湖泊湿地吸收、河流输送及土壤固定等自然过程的碳循环和碳汇速率情况；模拟不同人工干预对自然生态系统碳循环的影响过程和机理，从而形成科学可行的人工固碳增汇途径和生态修复措施，构建因地制宜的人工固碳增汇模式，推动构建全国自然碳汇数据库系统，形成全国自然碳汇调查标准体系。市场应用方面，可以依托碳汇数字平台，与国家现有的公共资源交易平台衔接，推动碳汇融入全国碳排放权交易市场，提高碳信用，增加碳汇的排放抵消比例，确保碳汇作为生态产品（服务）的价值实现。

（三）如何建设中国碳汇数字平台

1. 加强顶层设计和战略规划

在国家层面构建统一的碳汇数据资源体系，打造碳汇数据共享开放平台，创新碳汇管理决策服务模式。设计碳汇指标监测和评价体系，开发智能化的碳汇统计形式，考核、监督地方和行业"双碳"目标的实现程度与完成形式。制定中国碳汇数字平台的中长期发展规划，根据实现"双碳"目标的形势和进展，制定具体任务和发展战略，有目标、有步骤地推进数字技术在自然碳汇领域的应用，服务国家应对气候变化和经济发展转型战略大局。

2. 加强数字碳汇基础支撑研究

以碳汇数字平台为基础，开展数字碳汇领域基础研究，根据碳汇大数据具有"新资源、新思维、新动能、新手段"四大特征，推进数字技术在生态系统碳汇基础理论、基础方法、碳汇机制、增汇技术等领域的研究探索。推动数字技术参与生态系统碳汇调查监测与评估，建立生态系统碳汇监测核算体系，从多角度汇集各行业领域的碳汇数据，为碳汇平台建设提供底层的科学技术研究支撑。

3. 加大数字技术与碳汇应用拓展

推动数字技术在生态保护修复重大工程、国土绿化行动、森林质量精准提升工程以及生态系统保护修复中的具体应用。同时充分发挥数字技术在碳汇经济方面的作用，推动形成碳汇产业聚集效应，用碳汇数据落实碳标签推广、碳技术成果转化和节能降耗政策。充分发挥数字碳汇海量数据和丰富应用场景的优势，促进数字技术与实体经济深度融合，赋能传统产业转型升级，催生新产业新业态新模式。

4. 完善碳汇制度和机制体系建设

在制度层面，明确碳汇的法律地位，清晰界定碳汇交易的范围和对象；在机制层面，坚定碳汇交易的方向，不断完善碳排放权交易市场，重启 CCER

自愿碳汇交易市场，打造中国碳交易标准体系。以碳汇交易为载体，加大公共投资力度，探索不同区域、不同流域、不同部门之间的生态补偿机制，鼓励企业利用数字信息技术，开展灵活多样的碳汇公益活动，采用 PPP 等模式，探索政府和社会力量合作开展碳汇工作的新方式。[90]

5. 分领域分步骤分阶段开展平台建设

一是选取森林、草原等典型性、可行性强的领域，开展碳汇数字平台建设试点，随后推广到海洋、湿地等其他领域，最终形成空天地海一体化的碳汇数字平台；二是在碳汇交易的评估、登记、监测、交易、监管五大机制的基础上，选取代表性地区先试先行，然后分试点、整合、巩固、提高、完善五个步骤，逐步推进区域和全国的碳汇数字平台建设；三是从发挥碳汇数字平台的科研和市场作用出发，先开展基础科学研究，在此基础上，进一步推动碳汇数字平台产学研深度融合，拓展碳汇数字平台支持和服务碳汇市场交易的功能。[90]

二、产品碳足迹数字化追踪体系

碳足迹最早起源于英国，是指人类在生产或消费某一产品全生命周期过程中所产生的二氧化碳总和（含其他温室气体换算的二氧化碳量），用于评估人类活动对气候变化产生的影响。在外贸产品的全生命周期中引入碳足迹追踪评价体系，可以有效评估外贸产品生产制造等全过程阶段的温室气体排放。数智化全生命周期碳足迹追踪体系（简称"数智化碳追踪体系"）是对外贸产品从原料提取加工到回收循环利用全生命周期环节中碳足迹数据的采集、汇聚、分析、决策系统平台（见图4-8）。

中国外贸产品数智化碳追踪体系的建设，要服务数字中国建设和助力"双碳"目标实现，符合中国国情且接轨国际标准，兼顾科学研究和市场应用功能，兼有中央–地方–产业协同特征。

一是要建设符合中国国情、兼具中国特色、接轨国际标准的数字化碳足迹追踪体系。一方面，我国已经出台如《温室气体排放核算方法与报告指南》等行业指导文件，但不同行业的成熟度和差异性大，需要在考虑覆盖全行业

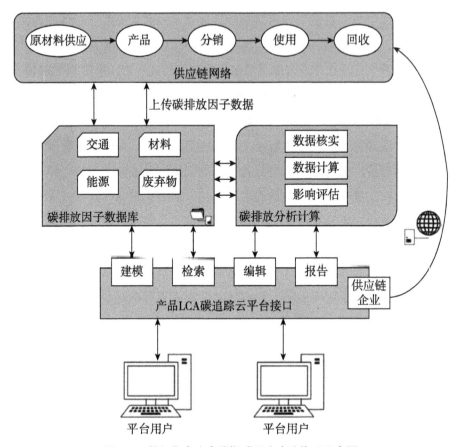

图4-8　数智化全生命周期碳足迹追踪体系示意图

的同时，制定能够符合中国国情普适性的碳核算标准和数据库；另一方面，生命周期各阶段碳排放因子要充分体现中国特色，碳排放因子需符合我国现有能源种类、结构和排放特征，建设具有中国特色外贸产品全生命周期追踪碳足迹基础数据库。

需要建立国际接轨、全球互认的碳追踪体系。外贸产品涉及不同国家和地区的法律法规及标准和生产实际，追踪全生命周期碳轨迹需要一套能与国际标准接轨的评价体系，从而推动追踪体系核算结果的权威性、广泛性和普适性，推动国内国际低碳贸易规则、认证系统对接，为全球外贸领域"双碳"发展提供中国方案，为构造绿色健康的人类命运共同体展现中国智慧。

二是要建设兼顾科学研究和市场应用功能的碳追踪体系。数智化碳追踪体系是兼顾科学研究与市场应用功能的综合性平台。科学研究层面，通过数智技术提高碳排放因子的测算速度，完成外贸产品碳足迹相关数据的采集、汇聚、挖掘、清洗与治理工作，形成系统全面、科学规范、应用广泛、普适性强的碳排放因子数据库和产品碳足迹数据库，服务外贸产品低碳减排相关科学研究；市场应用层面，数智化碳追踪体系可以借力云计算、大数据技术，降低数据采集成本、提高测算精度、缩短核算周期、增进产品边际效益，还可以与国家现有的公共资源交易平台衔接，为碳排放交易市场提供碳足迹测算服务，在服务绿色高质量外贸的同时，推进外贸产品生态和经济价值实现。

三是要建设中央-地方-产业协同型数智化碳追踪体系。数智化碳追踪体系是具有中央-地方-产业协同特征的平台。中央层面，需要建立一个立足国情、契合社情、立足中国、覆盖全球的外贸产品全生命周期碳足迹测算体系，丰富包括绿色标准、认证、标识体系在内的低碳贸易规则；地方层面，需要在中央制定的统一标准和规范下，结合本地产品全生命周期生产情况，建设具有本地特征的区域产品碳追踪体系平台；产业层面，数智化碳追踪体系通过数据的获取、存储与计算，实现对外贸产品碳足迹的精准评估，这不仅和人工智能、大数据、区块链、云计算、网络安全等新兴数字产业紧密联系，还和外贸领域各相关产业深度融合。中央-地方-产业三方协同建设，推动数智化碳追踪体系赋能贸易绿色数智化高质量发展。

在具体建设实施层面，需要科学规划数智化碳足迹追踪体系建设，具体体现在如下几点。

一是要加强顶层设计和战略规划实施。在国家层面建设统一的外贸产品碳足迹数据库，打造外贸产品碳足迹数据共享云平台，创新外贸产品碳足迹管理模式。完善外贸产品全生命周期碳足迹追踪体系建设的政策支持，加强外贸产品全生命周期碳足迹追踪体系建设的组织领导，制定外贸产品全生命周期碳足迹追踪体系的中长期发展规划，明确工作内容、建设方向、目标任务等，有目标、有计划、有步骤地推进数智技术在外贸产品碳足迹追踪领域的应用,服务我国绿色低碳高质量外贸和"双碳"目标实现。

二是要加强数智技术在外贸领域的应用拓展。以建设数智化碳追踪体系为契机,根据外贸产品碳足迹大数据具有"新资源、新思维、新动能、新手段"的特征,加大数智技术在外贸领域的应用拓展,推进云计算、物联网、大数据、人工智能、量子计算在外贸领域数字管碳、减碳的示范应用,构建外贸产品碳监测与碳追踪数据共享服务云平台,促进数智技术与外贸经济深度融合,赋能传统外贸产业转型升级,催生外贸新产业新业态新模式。

三是要强化国际合作机制和标准互联互通。加强和完善国际低碳贸易合作体制机制,积极参与外贸产品碳足迹国际标准制定,主动参与外贸领域数字减碳技术等国际合作。推动外贸领域碳中和相关标准国际化,推动外贸产品碳足迹数据共享云平台与国际接轨,形成外贸产品碳足迹标准互联互通、成果共享的发展新局面,建成政府推动、市场主导、多方参与、协同推进的外贸产品碳足迹追踪体系建设的工作新格局。

四是要完善外贸领域碳足迹核算制度和机制建设。制度层面,明确碳足迹追踪和核算体系的法律地位,明确碳追踪体系在外贸产品进出口过程中的应用范围和对象,强调进出口货物采用该标准进行碳足迹追踪及核算的必要性;机制层面,加强科技专项领导,通过研发补助、贷款贴息、项目奖励等方式,支持物联网、人工智能、区块链、大数据等数智技术参与外贸产品全生命周期碳足迹追踪体系建设。

五是要分领域分步骤分阶段开展平台建设。首先,选取钢铁、水泥、电解铝等排放量大、典型性强、可行性高的领域,开展数智化碳追踪体系建设试点,随后推广到其他领域,最终形成全覆盖的数智化碳追踪体系。其次,选取代表性地区先试先行,分试点、整合、巩固、提高、完善五个步骤,逐步推进区域和全国的数智化碳追踪体系建设。最后,从发挥数智化碳追踪体系的科研和市场作用出发,先开展基础科学研究,在此基础上,进一步推动数智化碳追踪体系产学研深度融合。

第五章　数据要素生态建构赋能
高质量发展

第一节　数据要素价值化生态系统建构
与市场化配置机制①

　　数据要素作为推动经济高质量发展的新动能，如何应用整体观和系统观理论，建设数据要素价值化生态系统，成为推进数据要素市场化配置、释放数据要素价值的关键议题。针对数据要素价值化面临的理论与实践挑战，引入创新生态系统理论，系统探究多元主体参与数据要素价值化过程的生态系统构成和多元主体生态联动机制，深入剖析数据要素市场化配置动态过程机制，有助于丰富和深化数据要素价值化和市场化配置理论研究，为探索数据要素价值化过程中多元主体协同共创、优化数据要素市场化配置过程机制、加强数据要素监管与治理、打造数字驱动型区域创新生态系统、激活数字创新生态活力与成效、加快数字中国建设提供理论和科学决策启示。

---

　　① 本部分内容首发于《科技进步与对策》杂志，文献条目：尹西明，林镇阳，陈劲，等. 数据要素价值化生态系统建构与市场化配置机制研究［J］. 科技进步与对策，2022，39（22）：1-8. 有删改。

一、数据要素价值化生态系统构成

现有研究表明，数据权属、参与主体及其角色定位是进一步推进数据要素市场化配置和数据要素价值化的重要保障和功能前提。而数据要素价值化高效率、高价值和低成本的实现以及赋能产业数字化是一个复杂的系统性和动态性过程，需要应用整体性和系统整合性思维，应用创新生态系统视角，系统构建数据要素价值化过程多元主体激励相容、高校协同和市场化共生共创的生态。对此，本书构建"权属-主体-价值实现"视角下数据要素价值化生态系统，旨在为实现激励相容和高效融通的数据要素市场化配置提供理论框架与实践方法，如图 5-1 所示。

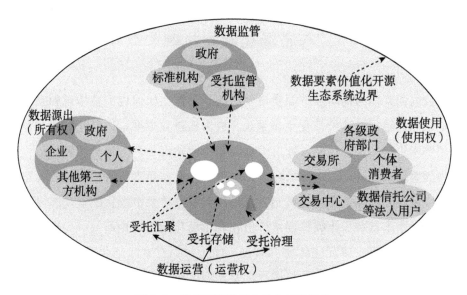

图 5-1　数据要素价值化生态系统架构

二、数据要素价值化生态系统核心主体

（一）数据源出方

数据源出方的有机构成主体包括个人、企业和政府 3 种主要类型，通过参与数据生成环节成为数据要素生产循环过程中的起始经济主体。个人参与生产循环主要是指个人信息数据和消费数据，企业参与生产循环主要是指企业生产数据和用户数据，政府参与生产循环主要是指公共数据和政务数据。数据产生是在数据要素多个经济主体对信息获取需求和主体数据需求确定的基础上，针对数据目标进行主动式或被动式数据生成与采集，以便投入下一步数据生产环节。

（二）数据运营方

数据运营方主要负责对未经加工的数据进行存储、清洗、转化、分析和挖掘等一系列增值化处理，以提升数据标准、结构和价值。参与数据运营的主体有企业、平台和政府，其中平台是数据运营的主体。平台利用强大的数据加工技术，打造数据运营全周期环节，包括受托汇聚、受托存储和受托治理等多个方面。

（三）数据使用方

数据要素在生产循环过程中通过不断流通和碰撞产生新价值，数据流通阶段是数据要素价值不断发现与品质不断增值的过程。数据主体所拥有的加工数据有限，那么，应如何形成满足各经济主体需求的数据？这就需要数据主体之间进行数据使用与流通，实现数据要素的社会价值。数据使用方是一个复合主体，个体消费者、数据信托公司等法人用户与政府在数据流通中均占据一席之位。上述数据使用者在数据流通过程中，通过交易所或者交易中心享有免费或付费使用数据的权利，也需要遵守数据流通规范与准则。

（四）数据监管方

目前，我国数据要素市场处于探索阶段，不但需要发挥市场配置资源的决定性作用，更需要将政府、受托监督机构等各方监管角色融入数据要素市场化运行过程，这是解决数字经济高质量发展和数据安全二元悖论的关键机制和核心环节，也是进一步实现数据要素资产化和数据高效流通，进而完成数据要素资产化、价值化以及构建产业链和价值链的可行性路径。

三、数据要素价值化生态系统主体联动过程机制

数据要素价值化生态系统是指数据要素价值化过程中各方主体及其联动作用，核心便是数据要素价值的不断"熵减"过程，即从低价值密度大数据中，结合数据使用的真实场景，进行高效数据治理、可靠价值增值和可信价值沉淀，形成具有高价值密度的数据产品，并最终释放数据要素价值的过程。本书构建"权属-主体-价值实现"三维视角下数据要素价值化生态系统主体联动机制，如图 5-2 所示。其中，横轴表示数据要素价值化过程，纵轴表示数据权属流转过程，曲线表示在数据要素参与市场运作过程中权属变更所带来的熵减以及价值实现过程。

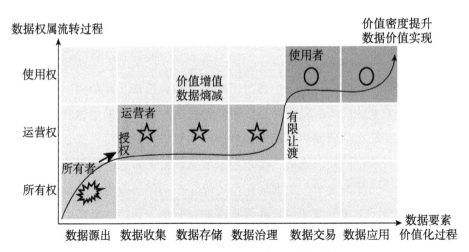

图 5-2　数据要素权属流转与价值实现动态过程机制

数据熵减和价值实现是数据要素生态系统运行的最终目的，数据所有权、运营权和使用权分离和有限权利让渡是维持数据要素价值化生态系统高效稳定运营的基本原则。在所有权、运营权和使用权三权分立和流转视角下，数据运营权从数据所有权派生而来，数据收集、存储与治理通常只涉及数据运营权，数据运营权是实现数据源出到价值变现、完成数据所有权和使用权联通的"桥梁"。所有权是运营权的母权，可通过法定、约定、有偿交易或无偿

授权方式获得。数据运营权的界定基于数据使用者与数据源出者的法律关系：①数据必须源于真正的所有权人；②数据的取得必须获得所有权人的明示许可或者存在法定事由；③数据完成采集并形成具有财产价值的数据集合。至于数据运营权内容，可理解为权利主体实现价值增值的功能。

数据要素市场化流转过程和权属转化过程与市场主体及生态角色划分相互融合、交叉。数据运营平台兼备数据收集、数据储存和数据治理功能，能够保证相关生态圈和数据处理链条的完整、高效和合规运行。数据应用和数据交易作为赋能经济、社会发展的重要环节，在传统以撮合交易为主的数据交易平台功能之外，还可以开展受托存储、受托分析和受托融通服务，在此过程中赋予平台企业以数据运营权，既使其获得数据支配权利，同时又具有独立的财产权利机能，可以充分促进数据流动和使用。

四、数据要素价值化生态系统主体联动过程机制

一般而言，数据要素市场化配置过程由生产资料分配过程和财富分配过程两个核心环节构成。然而，由于数据要素的非竞用性和无限复制特征，使得产权难以确立，无法使用传统产权概念解决数据要素确权问题，进而衍生出数据产权保护和交易困难等问题。由此可见，实现数据要素市场化配置的首要前提是确立清晰的数据产权关系，只有产权清晰的数据才能顺利进入要素市场，实现数据要素在各成员和各生产部门之间的分配。也只有产权清晰的数据才能进入市场实现交易权和收益权，从而实现按市场评价、按贡献获取报酬的分配机制。数据要素市场化表现为基于数据权属流转和让渡的数据资产价值增值过程，各类市场主体通过提供不同性质的数据处理服务，将数据权利链接起来，形成完整的数据资源运维管理链条，从而实现数据资源的经济价值和社会价值。

为更加直观、清晰地展示数据要素市场化机制流转过程，本书进一步从数据要素全生命周期系统性视角构建数据要素"收-存-治-用-易-管"市场化运行和价值实现机制基本架构，如图5-3所示。数据要素市场化系统架构主要由数据源、数据要素市场主体以及监管侧组成。其中，数据要素市场主

体的市场属性分类和结构性地位包括基础层、增值层和流通层、价值层，整个流转环节在数据要素生命周期中可以细化为数据收集、数据存储、数据治理、数据交易和数据应用等不同阶段。

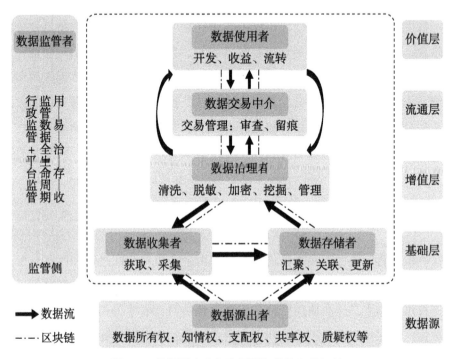

图 5-3　数据要素市场化配置和价值实现机制

（一）数据源：数据源出者

数据要素市场数据源来自数据源出者，即产生数据的主体。数据源出者的数据分散在每个产生数据的个体中，难以产生经济价值。因此，需要政府、数据平台企业将数据源出者数据聚集在一起进行开发和利用，进而转化为有价值的数据要素资产。

（二）基础层：数据收集者和数据存储者

数据要素市场基础层是数据收集和存储的过程。海量信息的产生不断稀释单一数据价值，同时数据多样性意味着数据包含的不对称信息更多，零散数据所蕴含的要素价值密度相应变低，导致数据与实体经济融合难度加大。由于数据极易复制、传播、篡改，要想使数据确权和安全保护问题得以解决，就需要将数据收集和数据使用分开处理。同时，要使数据实现价值可用，就需要以成熟、低成本技术实现数据汇聚，并进行高效、安全的调用，以还原数据应表达的全貌，这也是实现数据市场化运营的基础。由于数据收集者不具备数据所有权，因此需要收集方在经过授权的情况下作为实际数据控制者，按照合法、正当、必要原则对数据进行处理。在实际经济活动中，对数据收集方使用数据进行有效监管十分困难，收集方可将数据存储在政府指定的第三方机构，政府通过技术手段并辅之以行政手段对存储方数据进行监管。

数字经济时代，基于数据驱动的科技发展对数据需求日益迫切，对数据汇聚、存储提出了绿色、安全、高效等多重要求。只有数据汇聚成本低于潜藏价值，数据要素收集存储成为新常态，才能为数据要素市场化和数字经济提供源源不断的数据生产要素。数据财产权保护的数据需要记录在存储设备之中，以便长时间保持和再利用，无法长期保存或者没有保存的数据缓存副本不能成为数据权利客体。根据新型信息技术发展特点，各类原始数据收集已经成为数据要素市场的独立生产领域，但对其财产权的界定必须圈定在政府授权范围内。数据存储平台在未经授权情况下，并不具备数据所有权、使用权等权利，只负责数据储存、汇聚、关联和更新，但经协商和授权后可被授予运营权，在授权范围内对数据进行开发、流转，并与数据所有者分享收益，提升数据价值，促进数据存储，吸引规模数据。

数据要素权属界定需要基于法律制度和人工智能技术，以保障数据要素融通的总体效率和安全性，这也是数据价值生产、数据资产评估、数据融通交易以及最终实现数据要素价值最大化的前提。如果数据持有者既销售数据又使用数据，将有可能导致形成非理性竞争。已有学者利用古诺模型证明数据共享能够更好地满足市场主体需求，实现消费者剩余和社会总福利提升，但从理性经济人假设出发，共享数据由政府主导比较符合实际[30]。

因此，数据收集、数据存储等基础服务，需要在政府的严格监管下进行。例如，将政务数据收录、存放交由具备国资背景的企业处理，且明确规定这类市场主体未经政府授权不具有使用数据的权利。赋予参与数据收集、存储的市场主体和生态角色以数据运营权，在政府监管下进行数据汇聚、存储，推动全国一体化大数据中心协同创新体系建设，有效实现绿色集约、数据安全可靠的大数据产业链。统筹规划数据存储有利于数据资源集中，实现绿色集约和数据共享开放，降低能耗，节约收集方数据存储成本，并加快协同创新。同时，还能够有效避免数据所有者侵权行为的发生，以保障数据安全。

（三）增值层：数据治理者

数据治理是实现数据要素市场增值的核心环节。数据治理所涉及的生态角色一般为数据平台管理者，通过对存储数据进行数据清洗、脱敏、加密、挖掘、管理等处理，使数据质量和数据价值得到提升和增值，原始数据成为高价值数据，进而供使用者开发和应用，也可以通过数据交易平台，将数据使用权以市场化定价模式让渡给数据使用者。要实现数据高效治理，应以云计算、AI、大数据等技术为支撑，通过对数据实行全生命周期治理，完成内部增值和外部增效的双重价值变现。数据治理过程中涉及数据权利流转，因此对数据要素的规范化治理是保障数据所有者主体隐私安全、权属收益以及规范数据使用者权利边界、侵权责任的重要环节，有助于促进数据要素的合法获取和开发共享，形成数据权益保护和数据产业促进的平衡性制度。因此，应赋予数据治理者运营权，在数据治理全过程中接受政府监管，以保证数据可溯源。

（四）流通层：数据交易中介和数据使用者

数据要素流通层主要包括数据交易和数据使用两部分。其中，数据交易主要基于数据交易平台开展，数据需求方可从数据交易平台获取数据使用权、数据二次流转权及使用权。平台通过数据存储、确权、治理以及融通等一系列流程，促使数据要素落地于产业一线，实现数据全场景应用，赋能产业发展。数据交易是数据市场化过程的核心，也是数据资产化和价值化的重要表现，涉及使用权、收益权、处置权等数据权利让渡。为保证数据交易的高效融通和市场化配置，应以政府为主导，以市场化运作主体和平台为核心，建立数据要素资产交易中心，不断完善数据要素资产定价机制和交易规则。

数据使用是指在实现数据安全、合规治理的前提下，为多种用户角色提供数据加工、开发和应用，实现数据融通和商业化运营，促进数据在合法范围内流通，激发数据价值，满足各方数据需求。在数据使用和价值变现过程中，数据供应商的角色主要体现在数据权属确认、数据质量评估、数据定价、商品发布、交易结算等环节。数据需求者主要体现为数据商品或服务购买。数据服务提供者侧重于数据服务参与众包需求和服务开发。具体而言，数据使用者在申报合法用途并得到数据收集方和所有者授权后，获得数据使用权，由数据需求方有偿或者无偿使用数据。数据使用方可以从数据治理平台获取数据资源或算力资源，进行数据开发以满足自身产业需求，或以生态服务商的角色为其他不具备开发能力的使用者提供数据产品服务。

五、数据要素市场化配置过程中的监管机制

数据要素作为新动力、新引擎对于经济发展起决定性作用，基于数据确权的数据要素市场化和价值化机制对于激活数据潜在价值具有重要意义。然而，当前我国数据要素市场仍处于起步阶段，数据要素市场化配置除发挥市场决定性作用外，还需要政府监管融入数据要素市场化配置过程，这是解决数字经济高质量发展和国家数据安全二元悖论的关键机制，也是进一步实现数据要素资产化和数据有效流通，进而形成数据要素资产产业链和价值链的可行性路径。当前，我国政府数据要素市场化监督和治理仍面临诸多困境。首先，政府对数据要素的保护意识和技术识别能力不足，难以判断市场化进程中的违规、违法等侵权行为；其次，数据市场化过程法律保障机制滞后，主要表现为数据产权法律缺失、数据开放和交易法律缺失、监管法律缺失等；最后，数据要素市场化治理组织职能分散、混乱，系统性和专业性有待提升。

因此，在完善上述"收-存-治-易-用"数据要素配置和价值化机制的基础上，如何突破数据市场在治理实践中所面临的法律、组织等诸多困境是亟待解决的关键难题。从数据监管与治理视角看，可将政府监管职能渗透到数据要素市场化机制流程转换和生态角色设置中，实现从单一化管理型政府到

多元化治理服务型政府的转型。可采用先进、安全的数据管理系统对平台交易数据进行保护，维护数据交易双方的合法权益。同时，通过法律路径建立并完善数据交易法规，让市场各主体依法、合规交易。只依靠政府部门监管，很难实现对数据要素市场化全流程的有效监管。另外，还可以设立专门从事数据监管的第三方专业机构规范数据服务市场。结合本研究对数据要素权属、主体和功能的综合分析，可实行政府部门整体监管、第三方数据交易平台监控、数据处理平台企业内部监管的三重监管模式保障数据市场的有序运行。

第二节　数字基础设施赋能区域创新发展的过程机制①

数字基础设施是全面提升区域创新体系效能、激发数字经济活力进而推动区域创新发展和畅通国内大循环的重要引擎，我国区域数字基础设施建设面临着能源、成本、安全、收集、治理、开放和开发等多维挑战，如何发挥新型举国体制优势，通过市场化方式建设数字基础设施、赋能区域和产业创新发展的机制尚不清晰。基于城市数据湖的数字经济创新实践，本部分运用扎根理论的案例研究方法，探究数字基础设施与城市数字化转型和区域数字产业发展的关系，提炼数字基础设施赋能区域创新发展的过程机制与模式。研究数字基础设施建设能够基于数据要素的"5V-5I-5W"三维属性，构建"物理世界-数字孪生-智慧孪生"的社会经济进阶结构体系，打造数字驱动型区域创新生态系统，创造经济、社会和生态等多维整合价值，加速区域数字创新与可持续发展。

当今世界，数字技术加速创新并广泛应用，正在加速重构区域、产业、国家乃至全球经济形态[92-94]，数字驱动型创新创业成为智慧城市建设、区域产业升级和创新发展的重要新引擎[95]，数据要素已成为继土地、劳动力、资

① 本部分内容首发于《科学学与科学技术管理》杂志，文献条目：尹西明，陈劲，林镇阳，聂耀昱. 数字基础设施赋能区域创新发展的过程机制研究——基于城市数据湖的案例研究［J］. 科学学与科学技术管理，2022，43（09）：108-124. 有删改。

本、技术之外的第五大生产要素，对数据要素的有效应用和数字技术的协同整合，成为新发展阶段下中国高质量发展的强劲驱动力[96]。如何加快推进数据要素市场化配置，将数据要素转化为区域经济发展的生产力，打造更高质量和更可持续的数字驱动型发展模式，不但成为学术界关注的热点前沿，也是各区域乃至各主要大国竞争的新的制高点。

党的十九届四中全会首次将数据作为基本生产要素上升为国家战略，明确指出要"健全劳动、资本、土地、知识、技术、管理、数据等生产要素由市场评价贡献、按贡献决定报酬的机制"。党的十九届五中全会和国家"十四五"数字经济发展规划也提出要"推动互联网、大数据、人工智能等同各产业深度融合""统筹推进大数据中心等基础设施建设"，强调要"加快数字化发展，发展数字经济，推动数字经济和实体经济深度融合，打造具有国际竞争力的数字产业集群"。浙江、上海、深圳、北京等各地密集出台了一系列促进释放数据要素价值、打造数字经济高地的政策举措，掀起了新一轮以数字经济为竞争焦点的区域创新"锦标赛"[97]。

对此，"十四五"时期乃至更长时间内，国家和区域数字经济的快速与高质量发展，亟须高质量数字基础设施建设予以支撑。数字基础设施是立足当前世界科技发展前沿，以新一代数字技术为依托，打造的集"数据接入、存储、计算、管理、开发和使能"为一体的数字经济基础设施，通过制度和市场驱动的新技术产业化和全场景应用，催生出大量的新业态、新产品、新服务与新经济模式。国内涌现了包括城市大脑、城市数据湖、区域大数据交易中心等在内的多种类型的数字基础设施实践探索形式，已经成为全面提升区域创新体系效能、激发数字经济活力，进而推动区域创新发展和畅通国内大循环的重要引擎。然而区域数字基础设施建设依然面临着能源、成本、安全、收集、治理、开放、开发等多维挑战，数字基础设施赋能区域创新发展的机制尚不清晰。现有研究虽然对数据要素的重要性、数字基础设施的特征、趋势、数字经济发展体系以及数据要素对城市发展和新发展格局的影响做了初步探究，但是对如何发挥新型举国体制优势和市场主体作用、通过市场化的方式建构数字基础设施，进而重构和优化区域创新系统，赋能区域创新发展这一重要议题，仍然缺乏深入的研究。

2021年10月18日，中共中央政治局就推动我国数字经济健康发展进行第三十四次集体学习，习近平总书记在主持学习时强调，要加快新型基础设施建设，加强战略布局，加快建设高速泛在、天地一体、云网融合、智能敏捷、绿色低碳、安全可控的智能化综合性数字信息基础设施，打通经济社会发展的信息"大动脉"。对此，本部分基于城市数据湖的创新实践，运用扎根案例研究方法，探讨了数字基础设施与城市数字化转型和区域数字产业发展的关系，以及数字基础设施赋能区域创新发展的过程机制与模式。研究发现数字基础设施建设能够基于数据要素的"5V-5I-5W"三维属性，构建"物理世界-数字孪生-智慧孪生"的社会经济进阶结构体系，赋能数字驱动型区域创新生态系统，从经济、社会和环境等多维度整合价值创造，促进区域创新与可持续发展。本研究丰富了区域创新系统理论和区域数字化转型相关研究，提炼了数字经济基础设施在推动区域经济创新发展和转型中的模式和作用机制，提出了加快构建数字驱动型区域创新生态系统的政策建议，为促进数字经济健康发展，打造现代化经济体系新引擎，促进区域创新与高质量发展提供重要理论和实践启示。

一、相关研究及评述

针对数字基础设施概念和特征的探讨尚未形成一致性共识。由中国信通院和华为联合发布的《数据基础设施白皮书2019》认为，数据基础设施"是传统IT基础设施的延伸，以数据为中心，服务于数据，以最大化数据价值。它涵盖数据接入、存储、计算、管理和使能五个领域，提供'采-存-算-管-用'全生命周期的支撑能力。数据基础设施需要具备全方位的数据安全体系，旨在打造开放的数据生态环境，让数据存得了、流得动、用得好，最终将数据资源转变为数据资产"。该白皮书主要从微观企业数字化转型视角出发，停留在企业数据开发和数字化赋能层面，认为数据基础设施主要价值在于帮助企业实现存储智能化、管理简单化和数据价值最大化，虽然指出了数据应用存在的"存不下、流不动、用不好"三大问题，但未能提出超越企业维度、更具有一般性和可操作性的数字基础设施建设路径。本书则认为，数字基础设施是立足当前世界科技发展前沿，以新一代数字技术为依托，打造的集"数据接入、存储、计算、管理、开发和使能"为一体的数字化基础设施，通过制度和市场驱动的新技术产业化和全场景应用，催生新业态、新产品、新服务与新经济模式。其基本构成包括基础层、技术平台层、应用场景层和区域创新创业生态层，根本目的在于打造数字经济时代的创新基础设施和创新公地，支撑数字要素价值化生态系统建设，释放数据要素价值，赋能企业、区域和国家数字经济高质量发展。

也有学者针对数字基础设施建设的不同模式和机制做了积极探究，但是缺少相应的案例或实证研究予以验证。例如，尹西明等针对数据要素价值化的难题，建构了"要素–机制–绩效"过程视角下数据要素价值化的整合模型，论述了通过"数据银行"实现多维价值创造的动态过程机制和数据要素价值化生态系统建设，打开数据要素价值化的过程"黑箱"。但该研究停留在理论探讨层面，缺少实际案例与作用机制探索，同时集中在数据要素价值化本身，忽略了数据要素、尤其是数字基础设施建设对城市、区域原有创新生态的价值挖掘。

在数字基础设施与区域创新发展的关系方面，已有研究在数字化水平、区域数字化投入对区域创新绩效的影响等议题方面做了有价值的探索，但这些研究主要聚焦区域数字化投入对创新绩效的影响结果，未能深入揭开数字化投入要素、尤其是数字基础设施建设促进区域创新的过程机制。例如，温珺等学者[98] 基于 2013—2018 年中国省级面板数据的研究发现数字经济能够显著提升区域创新能力，但潜力尚未充分发挥。周青等[99] 采用 2015—2017 年浙江省 73 个县的面板数据实证研究发现，区域数字化接入水平的提高有利于提升创新绩效，区域数字化装备、平台建设、应用水平对创新绩效的影响呈现倒 U 形关系。刘洋等[92] 通过对数字经济发展程度和产业结构升级的影响分析，发现数字基础设施对东中西部地区产业结构高级化均有显著促进作用，但对中西部地区产业结构合理化的促进更为显著。康瑾和陈凯华[95] 认为数字创新发展经济体系可以通过投入创新、产品创新、工艺创新、市场创新和组织创新数字化等 5 个渠道实现价值增值，但这一研究忽略了区域数字创新发展体系中数据要素的作用机制和价值增值的渠道。万晓榆[100] 和俞伯阳[101] 等人的最新研究则通过省级面板数据构建了数字基础设施等数字经济发展水平测度模型，发现数字基础设施能显著促进区域创新能力或全要素生产率。在数字价值创造方面，孙新波[102] 和尹西明[103] 等结合数据要素与传统生产要素的本质性差异，梳理了数字价值创造的核心维度、影响因素、实现方式和影响效应，最后提出了数字价值创造或价值释放的框架。

如前所述，当前数字基础设施建设面临节能、降本、安全、开放、开发和治理等多维挑战，数字基础设施赋能区域创新发展的过程机制尚不清晰。现有研究虽然对数据要素的重要性、数字基础设施的特征、可能的应用模式与对区域发展的影响做了有益探索，但是对如何发挥新型举国体制优势、通过市场化的方式建构数字基础设施，进而赋能区域创新发展这一重要议题，仍亟须深入的实证分析，尤其需要系统性研究以揭示数字基础设施整合数据要素和数字技术、重构和优化区域创新系统，实现多维整合价值创造的过程机制。

二、研究设计

（一）研究方法

基于案例的定性研究方法能够对案例研究对象进行综合性描述与系统性解构，在全面把握案例对象和事件的动态过程与脉络基础上，获得较为全面、整体和深入的研究发现。并且纵向案例研究有助于通过时间和事件变化过程的深入分析，从而挖掘复杂现象背后的机理、规律和机制，归纳梳理和提炼出可用于解释一般性现象的理论或规律性结论。Eisenhardt（1989，2021）等人建构的案例研究基本原则，成为案例研究的基本参考规范，并被广大案例研究者广泛采用。已有研究表明，相比多案例研究，基于单个案例的纵向案例研究更适合考察过程机制、路径和纵向演化模式等问题。本书旨在通过以城市数据湖为代表的区域数字基础设施建设创新实践，深入探究区域数字基础设施如何重构和完善区域创新生态系统，进而赋能区域创新发展的过程机制和典型模式，并通过案例研究来深化和发展数字经济与区域创新发展的理论，因此比较适合采用探索性纵向案例研究方法。

（二）案例概况

数据湖（data lake）一词于 2011 年由美国互联网企业提出，其最早定义为以原始格式存储数据的存储库或系统，是企业级的数据解决方案，服务对象是数据科学家和数据分析师。但作为一项单纯的应用技术，数据湖由于在发展理念、关注重点、管理模式等方面存在一定缺陷，难以有效解决大数据时代、尤其是伴随非结构化数据的爆发式增长所带来的数据存储成本过高、数据安全难以保障等问题，更无法实现数据价值变现及产业生态环境构建等目标。林拥军和林镇阳等在借鉴传统数据湖的概念基础上，结合国内外技术和行业变革趋势、国家战略要求、地方发展机遇等内外部因素，基于中国蓝光存储技术创新及智慧城市场景应用的探索经验，于 2016 年提出面向政府、企业、个人的数据要素价值化理论体系与大数据解决方案——城市数据湖（city data lake）。

城市数据湖定位为城市标配的新一代信息基础设施，即光磁融合、冷热混合，具有云计算、云存储、人工智能服务功能的新一代绿色 IDC（互联网数据中心），是大数据价值挖掘、对接人工智能服务的 DT（数据智能技术）系统，也是国家治理体系和治理能力现代化的集中体现。城市数据湖在基础属性、服务对象、关注重点、存储成本等主要维度与传统数据湖概念有本质区别（见表 5-1）。概括而言，城市数据湖利用先进的蓝光存储及光磁一体融合存储技术，解决了海量数据存储成本过高的问题，以人工智能和云计算为服务形式，通过实施"建湖、引水、水资源开发"三步走战略，致力于打造超级存储、超级链接、超级计算相配套的数字经济基础设施，在搭建数据湖基础设施基础上，吸纳城市各类数据资源，以应用为目的，最终达到数据增值、变现，带动大数据产业与传统产业加速融合。

表 5-1 传统数据湖与城市数据湖

核心维度	传统数据湖	城市数据湖
基础属性	应用技术	基础设施
服务对象	企业为主	政府为主，企业及个人为辅
关注重点	提升行业数据存储、分析能力，提升企业数据决策效力	以数据为核心的生态环境构建
成本	基于开源技术低成本，无法解决海量数据的物理存储介质高能耗、高成本等问题	依托蓝光存储技术的存储容量大、成本低、能耗小等特点，极大降低数据存储成本

（三）数据收集

1. 实地调研与半结构化访谈

本研究团队自 2019 年以来多次访谈四川成都数据湖、天津津南数据湖、江苏徐州数据湖、江西抚州数据湖、大连数据湖等东中西部不同地区的代表性城市数据湖，北京、成都、天津、徐州、抚州、无锡、大连等区域性城市数据湖建设主管政府部门，以及中国信通院、北京市大数据交易中心、易华录数据资产研究院等研究或服务机构，并通过对城市数据湖领域领军企业中国华录集团、北京易华录以及华为、旷视科技、百度、英特尔等城市数据湖技术供应商开展系统和深入的跟踪访谈，积累了大量一手访谈资料和实践过程资料，为提炼本研究的研究问题与确定概念模型、案例研究思路提供重要支撑。

2. 基于跟踪研究的数据积累

笔者团队在前期对数据要素价值化和城市数据湖已经有比较深入的探究，形成集调研访谈、案例、公开报道和人物专访在内的综合性数据库。此外，还有本研究团队在前期关于城市数据湖研究的资料编码库。由城市数据湖主管政府部门、参与建设的企业和技术提供商等提供的一手资料，研究团队实地调研访谈积累的第三方调研数据，以及公开资料所构成的档案数据（archive data）相互交叉验证，符合定性研究的"三方验证"理念，尽可能保证了研究信度和效度。在此基础上，研究团队已经在国内外学术杂志和《光明日报》《人民日报》、新华网等权威媒体发表了阶段性理论研究成果和智库专报，也构成本研究的重要理论积累。

三、案例分析：城市数据湖赋能区域创新发展的模式

（一）城市数据湖建设促进区域数字驱动型创新生态的概念框架

结合前期访谈、理论研究和案例分析，本研究总结了城市数据湖赋能区域数字驱动型创新生态建设的基本概念框架（见图5-4），包括技术创新与商业模式创新，在二者协同创新的基础上，驱动培育新兴业态，并最终实现数据赋能政府治理、产业赋能、招商引资和投资孵化等开放发展生态。

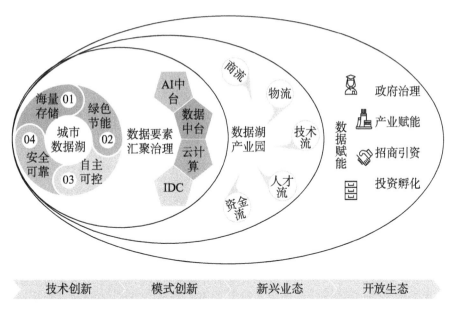

图5-4　城市数据湖赋能区域数字驱动型创新生态系统建设的基本概念框架

1. 技术创新

为了突破城市数据湖安全建设过程中面临的国产数字化软件和存储方面的技术"瓶颈"，由中央企业华录集团牵头，联合政府、高校、科研机构和产业链力量打造集"政、产、学、研、用"于一身的科研生态体系，开发了以

蓝光技术为核心的光磁电一体化大数据存储解决方案，实现城市数据湖技术自主可控，同时大幅降低数据存储成本和能耗，补齐国家大数据存储技术上的短板，促进海量数据存储和保障安全可靠，为提升城市大数据应用水平奠定技术基础。

首先，蓝光存储作为数据存储发展主要的优质载体，其存储密度远高于其他存储介质，可实现海量数据的汇聚存储；其次，围绕热、温、冷数据分级存储，围绕蓝光存储为核心，其存储成本仅为磁盘存储的1/10，城市数据湖蓝光存储单机柜满负荷工作功率为700W，待机功率仅为7W，同等条件下蓝光存储能耗仅为磁盘存储的3.51%，为绿色数据中心建设面临的数据存储"卡脖子"问题提供了突破路径。相比于传统大型数据中心通常建设在较为边远的地方，数据湖能以整体较低能耗在城市较为中心的地带建设绿色智慧城市数据中心，为日常维护和数据访问带来便利。并且蓝光存储采用相变技术记录数据，具有抗电磁辐射、防病毒攻击、防人为篡改的优点，数据保存寿命高达50年以上（为传统电存储介质寿命的10倍），能更有效保障安全可靠的数据存储。同时，在当前国外技术封锁的背景下，相比电存储，蓝光存储技术是国内能够实现技术自主可控、拥有完整产业链的领域。此外，城市数据湖基于蓝光存储技术的低能耗特征，可根据实际业务需求，依托光磁一体存储技术合理配比光存储和磁存储，在满足海量数据长期存储的同时，实现高频次访问数据的快速提取，解决同等存储规模下传统存储模式带来的成本与耗能的悖论难题。

2. 商业模式创新

城市数据湖主要通过基于蓝光存储的 IDC 服务、多样化的云计算服务模式、基于数据中台和 AI 中台的数据要素治理与应用开发，打造基于海量数据的城市级数据中台，加速孵化区域新业态，进而培育区域数字创新发展生态。

其中，城市数据湖的湖存储 IDC 服务依托数据存储的"2/8 定律"，以独有的蓝光存储技术服务于冷数据存储，并配比一定的磁存储空间，形成服务于城市大数据的光磁一体存储服务，以蓝光存储的高集约性、低更换率等特点，实现集约化、设备长期利用的数据机房建设，为大数据长期存储提供了设备保障，为数据量几何倍数增长的情况提供了集约化实现能力，大幅节省设备和空间。同时，湖存储服务针对异质性数据进行数据存储介质的差异化匹配，将冷数据存储在蓝光介质中，极大地节约数据中心电能消耗，有效降低数据存储成本，为大数据产业的持续快速发展提供低能耗保障。

云计算是实现数据高效处理的必然选择，传统数据处理方式和处理效率已无法满足现代人对数据处理的要求。城市数据湖可根据基础设施、软件、时长及存储空间的使用情况，提供给用户高性价比的云计算服务，引导用户根据自身业务发展需要，按小时、月、年来获取数据资源，实现数据高效的应答处理和合理的资源配置。在湖存储及云计算的基础上，提供大数据开发套件、数据共享与交换等可靠、安全、易用的数据服务，进而实现对湖中各类数据的精耕细作和共建共享，增强城市信息系统间的共享协作，推动城市信息化管理体制优化，优化政府城市管理效率，为政府、企业和民众提供快捷、高效的数据服务。

数据湖人工智能平台，基于对海量数据的挖掘与运算，通过对大规模数据模型训练的支持，实现人工智能算法及相关技术的开发、模型的训练、应用分享与场景需求的低成本高效率精准匹配。人工智能本质上是计算力、数据与算法的结合，只有足够的数据作为深度学习的输入，计算机才能学会以往只有人类才能理解的知识体系。数据湖所具备的数据规模优势是发展人工智能的核心驱动力，并配备高质量的人才与技术资源，有效降低人工智能准入"门槛"与开发成本，为深度学习、做出高质量人工智能应用打下良好基础。

城市数据湖以"存储一切、分析一切、创建所需"为目标，以"建湖、引水、水资源利用"为路径，助力地方政府构建兼具城市级基础设施和公共服务的双重属性的城市级数据中台。以数据流带动商流、物流、人才流、技术流和资金流，实现数据资源全面、迅速、智能融合共享和创新应用，为各行业提供所需数据的最优解，成为产业创新的孵化器、经济发展的加速器、城市转型的腾飞器，同时也是大数据产业的孵化土壤。

（二）城市数据湖技术架构与赋能数字驱动型区域创新发展路径

数据要素作为数字经济最核心的资源，要充分利用大数据的自然属性，完善城市数据湖技术架构，赋予其社会属性，然后结合城市发展的差异化需求和相关场景（事件属性），来因地制宜地构建城市数据湖。城市数据湖作为融合新生产要素的重要载体，能够通过应用新型数字技术架构，发挥海量城市数据的规模优势，有效赋能数据驱动的城市创新生态系统，解放和发展数字化生产力，推动数字经济和实体经济深度融合，实现数据要素在善政、惠民等方面的多维价值释放。

1. 技术架构

在创新应用过程中，城市数据湖的具体技术架构提炼如下（见图5-5）。

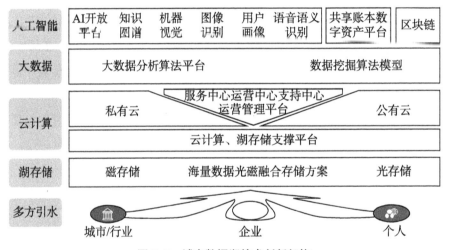

图5-5 城市数据湖技术创新架构

具体而言，城市数据湖作为集数据"感知-存储-分析"为一体的新一代开放型数字经济基础设施，以光磁融合存储为依托，以新一代数字技术为支撑，提供区域大数据中心服务。数据湖基础设施包括湖存储、云计算、大数据、人工智能、IDC以及数据安全六大组成部分。其中，云计算是基于数据湖容纳的海量数据，将分散的IT资源转化为规模化、集约化、专业化的运营和服务。"湖为体，云为用"，"湖存储"与"云计算"是数据湖中的核心组成部分。"湖存储"作为巨大的数据原生态水体，有效满足了大数据的采集、存储要求，而"云计算"则使得大数据的分析、应用成为可能。在这种上下合力、循环往复的生态运行环境中，有效避免了数据沼泽的出现，同时有利于盘活、激发区域大数据产业及数字经济的发展活力。

2. 实现路径

实现路径方面，城市数据湖通过为海量、多源、异构数据提供光磁融合、冷热混合的全介质、全场景"超级存储"，是具有云计算、湖存储、数据安全、数据增值等服务功能的新一代绿色IDC，与5G"超级链接"和云计算"超级计算"相配套，协同整合而成为新时代城市数字经济基础设施，建构数据存储能力、数据运营能力和数据资产化服务能力三大核心能力，将有效解决5G时代大数据产业发展中存储成本高、存储寿命短、数据安全难以保障、数据开发利用难度大等关键"瓶颈"问题，赋能区域数字驱动型创新生态。

首先，基于5G移动通信技术实现超级链接。随着大规模的5G网络建设在国内逐步展开，其下游的AR、VR、无人驾驶、全息投影、智慧家居、元宇宙等新兴行业海量数据的产生、处理、计算、存储、交换，对数据中心的存储和计算资源提出了更高的要求与挑战。未来，我国5G网络后端的数据计算和存储中心一定是高性能、低成本、快速部署、柔性扩充、高效运维、节能环保且自主可控的，国家层面已经开始加大新型数据中心布局力度。

其次，基于磁光电一体化存储技术实现超级存储。目前企业级存储系统多以热数据存储为主，采用磁、电作为物理存储介质（固态硬盘、机械硬盘等），磁、电介质能够保持数据一直在线，提高数据响应速度，但同时也带来能耗巨大、存储寿命短等诸多问题。随着数据存储量的爆发式增长，传统磁电存储架构已无法同时满足海量数据时代对长期保存、低成本、绿色节能、高可靠性的冷热分层存储需求，面临挑战。在采用单一存储介质难以满足大数据存储市场需求的情况下，以蓝光存储介质为基础，融合光、磁、电三类存储介质性能优势，围绕数据全生命周期管理的冷热分层混合存储策略——"超级存储"应运而生，可以根据数据的使用频率、文件大小、文件类型等特征将数据进行冷热分层，分别采用相应适配的物理存储介质进行存储，并通过不同存储介质之间优势互补，满足用户延长保存期限、降低存储成本、提高节能效果、提升安全可靠性的海量数据存储要求。在此基础上，形成集数据"感知-存储-分析"于一体的智能化综合信息基础设施——城市数据湖的核心架构。

最后，在超级连接和超级存储基础上嵌入"端-边-云"协同计算架构而实现超级计算。5G定义了更加丰富的网络连接适用范围，将互联网从"人"扩大到"物"，万物智联真正变为现实。但大量传感器和智能设备产生了海量数据，其计算处理需要低时延、大带宽、高并发和本地化的计算系统。5G时代终端算力上移、云端算力下沉，在边缘侧形成算力融合，打通物联网落地"最后一公里"的"云-边-端"分布式协同计算架构正在成为最佳解决方案。

（三）赋能区域创新发展的多维成效

1. 经济效益

城市数据湖不仅是一项科技产业项目，更是一个汇聚人才、技术和资本的大平台，能够激活现有区域数字资源，推动区域经济产业快速升级。同时，依托城市数据湖实现资本人才会聚、加快以"数据要素+数字创新人才+数字创新服务"为核心特征的区域数字经济步伐。以天津津南数据湖项目为例，整个产业园占地240亩，建筑面积35万平方米，其中包含数据中心机房、孵化器、加速器、办公区、公寓、生活配套设施，可容纳不低于1万人同时办公。2020年下半年园区开放，截至2021年6月，包括城市运管中心、应急管理联创中心、天津智谷管委会在内的政府融合项目落地，引入华为、360、网易、甲骨文、玄彩北方、金电联行等龙头企业，已注册和意向落地企业百余家，数据湖生态企业400余家，覆盖相关产业链5大行业37个细分领域，实现产值34900万元，税收1043万元。同时，天津市政府与央企华录集团联合举办开放数据创新创业大赛，吸引来自全球的上千支创新创业团队，挖掘开放数据潜能，破解大数据应用难点，推动城市数据湖与地区产业深度融合。

2. 社会效益

城市数据湖作为数据要素价值化的一种有效载体，能够节约政府数字经济基础设施建设成本，降低政府数据中心建设支出，助力政府信息资源开发及政务系统应用，实现政府部门间信息联动与政务工作协同，驱动政府治理体系与治理能力现代化。在经过数据脱敏、合法开放、高效开发利用后，将数据要素价值赋能智慧医疗等民生领域，驱动民生服务方式变革，提高科学决策水平，提升社会治理能力，围绕市民最关心的社会问题，解决市民生活核心痛点问题，进而增强人民幸福感和获得感。例如，2020 年 3 月建成投产的成都金牛数据湖构建了区级抗疫指挥"人防+技防"新模式，城市大脑平台实时反映国内外、本地疫情整体态势，人员流动及重点人员跟踪反馈信息，至 2021 年 3 月共对中高风险区域来成都金牛区的 52 万余人实时监管筛查。累计追踪 11 名确诊病例、165 名密接、413 名疑似人员，共梳理18216 条疫区入川历史活动轨迹，为区政府提升疫情防控研判和应急治理效能提供有力抓手。

3. 生态效益

城市数据湖作为绿色数字基础设施，可以大幅降低数据存储的总耗电量，实现数据存储、计算、管理、开发等环节的节能、节水、节碳减排，同时实现对数字化生态资源的存储和保护，助力绿色可持续发展。节水节能减排方面，与传统的磁存储相比，1000PB 存储总量全蓝光配置的城市数据湖，年总用电能耗节省 1482 万千瓦时，节能和减排比例为 96.49%，相当于节省标准煤 1821 吨，相应减少二氧化碳排放量 8949 吨；对于 1000PB 存储总量智能分级存储解决方案使用光磁配比 8：2 条件下（既满足日常数据存储的性能要求又充分考虑节能的长期存储）的城市数据湖，相比于全热磁存储的数据中心，年总耗电量节省 1185 万千瓦时，节能比例为 77.19%，相当于节省标准煤1457 吨，减少二氧化碳排放量 7160 吨；由于无须额外的通风冷却系统，可大大降低 IDC 对冷却系统等其他基础设施的设备数量及用电量需求，大幅节省水资源，年节水量可达 1.75 万吨，节水比例为 80%。

四、数字基础设施赋能区域创新发展的整合框架

城市数据湖作为区域数字基础设施的典型载体，在释放数据要素价值、促进区域创新发展的过程中，不但充分利用了数据要素的自然属性（5V）和

社会属性（5I），更借助具体的场景应用和事件流，赋予了数据要素以面向区域发展需求的事件属性（5W），形成具有整合式创新理论内涵的数据要素的"三维属性"——自然属性、社会属性和事件属性。在实践应用过程中，数字基础设施则依托技术创新、制度创新和面向市场需求的场景创新，将物理意义上的现实世界加速推向数字世界的数字孪生和数智世界的智慧孪生（见图5-6）。最后，通过基于数字基础设施的能力开放生态和数据应用生态建设，推动打造数据要素驱动型区域创新创业生态（见图5-7），在这一过程中，不但能够助力现实世界多元主体的融通创新，更能够加速建构具有多维数据融合、实时精确反馈、场景驱动创新等特征的数字孪生，最终迈向数智协同交互、决策自动智能、人机整合共生和可持续的智慧孪生。

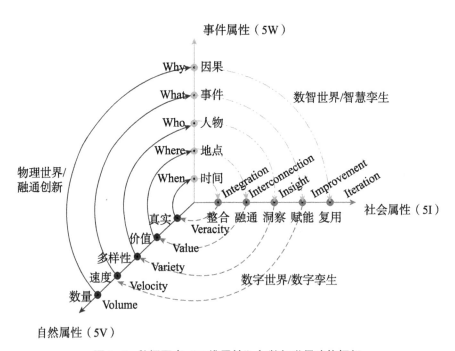

图5-6　数据要素"三维属性"与数智世界建构框架

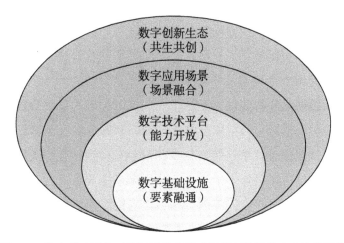

图 5-7 数字基础设施赋能区域数字驱动型创新发展的生态演化逻辑

（一）物理世界多元主体融通创新

首先，随着数字基础设施的构建，区域创新生态系统的行为逻辑显现出新的特征。需求侧的消费者作为新的创新主体参与创新过程，使得以满足用户需求为核心来进行交互创新和批量化定制具有可行性，突破反馈优化机制的滞后性，创新效率得以提升。数字基础设施赋能可改变组织、企业的运行机制及企业间的竞合关系，打破时间和地域的限制，让不同创新主体在不同时间和地点参与各类创新过程，打破"自上而下"的决策机制。其次，数字基础设施可以通过改善信息披露与共享路径，强化制度建设和改善非正式协调机制。由此催生的数字平台促使外部生产者和消费者产生交互协同效应，从而实现其他生态系统成员利用该平台设计和控制多个产品和子系统，解决数据"孤岛"林立的痛点，推动区域创新生态系统向数字驱动型创新生态转型升级，实现多元创新主体的共演与融通创新。

（二）数字世界与数字孪生

基于城市数据湖建设深化而成的湖脑孪生城市项目可为政府营造良好的数据招商环境，搭建发展数字经济的平台和舞台，实现产业数字化和数字产业化，通过不同行业、多维数据的融合最终形成以产促城、以产兴城、产城融合的城市发展新局面,促进区域数字创新生态系统的动态演进。特别是通过互联网、物联网、视频网等采集的数据,链接于城市实景三维模型,以图像、视频等形式与物理城市一一对应,形成虚实融合、协同交互的全景感知应用场景。实现城市全要素数字化和虚拟化、城市全状态实时化和可视化、城市管理决策协同化和智能化,有利于实现实时精确的反馈效应。湖脑孪生城市建设将吸引一批拥有数字孪生技术、产品和服务的上下游厂商进驻数据湖产业园,以体现信息技术与制造技术深度融合的数字化、网络化、智能化制造为主线,包括搭建服务于中小企业的数字孪生服务平台,提供产品仿真模型设计、数字化生产线设计等能力服务,助推工业品制造商家围绕产品数字孪生体进行科学设计、智能生产、智慧检测、精准营销和优质服务。

通过数据资源的开放、共享、价值挖掘以及数据创新,推动城市数据湖所在区域形成包括数据存储、清洗加工、数据安全等核心业态,电子信息制造、软件和信息技术服务等关联业态,医疗健康、共享经济、区块链、电子商务、大数据金融等衍生业态的大数据全产业链条。通过挖掘城市发展中的海量场景,借由各类场景打造开放融通产业生态,并利用场景引爆商业应用,塑造数字化赋能的新力量,最终达到场景驱动创新的战略目标。

(三)数智世界与智慧孪生

随着城市建设速度不断加快,单一职能的统一管理难以全面覆盖到城市管理每个角落,要充分利用数字基础设施,构建城市的数字孪生体,构建数智城市,使得对城市状态的实时分析和调整成为现实,实现从虚实结合向虚实互动的智慧共生转变。数字孪生城市的发展与应用内涵,真正体现了新型智慧城市的愿景和目标,也是第四代管理学的现实应用。数字孪生城市是与物理城市一一映射、协同交互、智能互动的虚拟城市,这需要首先对城市进行三维信息模型构建,然后得以进入数字世界与物理世界的数智协同互动阶段,并真正实现"智慧",最终形成城市决策"一张图"、城市治理"一盘棋"的数字城市治理新格局。其次,数字基础设施的建设通过构建大数据分析能力,不断提升决策智能化水平,将数据转化为洞察,再由洞察产生行动,不仅要从技术上提升洞察分析能力,也要从组织、管控、能力角度同步提升,实现"感知-洞察-评估-响应"的闭环运作与循环提升。最后,在数字基础设施不断强化和人机混合的历史条件下,智能技术体系集成态势的出现,使各智能产品、智能软件开始集成并协同发展。依赖于智能技术的集成,协同信息的传输速率与分享效率得到空前提高。随着人和人、人和机器以及智慧机器之间的混合式传输、交互与共享的深入发展,海量的人类知识、智慧及行为数据和工作任务等开始分布于智慧共享体系之上,成为可被智能机器加工利用的原始物料。当智慧共享体系升华为社会大脑后,可以促使高智慧机器的诞生,进入人机整合共生和元宇宙的全新社会经济形态,通过人机协同、人机结合、人机混合的递进依赖过程,并结合智能科技与智慧共享体系的深度发展,实现"技术-经济-社会大脑"的持续演化与集成优化,形成基于万物互联的共创共生共享的新局面。

(四) 数字基础设施赋能区域创新发展的整合成效

数字基础设施是否真正起到了赋能区域创新发展、实现数据要素价值增值和释放的作用,需要综合考察其是否创造了经济、社会和生态等多维整合价值。

经济效益方面,一是支撑公有数据开放共享平台的建设,加快数据流转速度,奠定地方大数据金矿变现的产业基础;二是支撑城市大数据生态体系发展,推动城市各部门数据汇聚形成数据生态城市发端的"源泉";三是推动信息技术与传统产业融合,赋能产业提质增效转型升级,实现产业与城市共繁荣;四是通过实现区域数据汇聚,推动区域形成"数据资源"招商新模式,打造政府数据开放与社会数据使用之间相互促进的数据生态发展环境,面向数字核心产业吸引上下游企业共筑数字产业系统,实现区域数字经济高质量发展。

社会效益方面,首先是通过数字基础设施推动各部门多渠道、多层次、全方位的内部协作,提高城市公共服务的便捷化、高效化和精细化程度,提升政府民生服务质量;其次是驱动数据管理形式变革,有效降低数据治理与服务成本,实现面向使用者的数据资产生命周期管理优化;最后是驱动公共管理模式变革,实现政府部门间信息联动与政务工作协同,提高政策决策的精准性、科学性和预见性，加快区域治理能力与治理体系现代化。

生态效益方面，首先是通过装备新一代智能存储应用系统，促进形成绿色低碳存储体系；其次是依靠先进数据管理系统建设碳中和数据管理体系，通过对可再生能源的大数据动态统计分析，实现需求预测及峰谷时段电力调剂，减少电力能源废弃的同时，提升可再生能源使用比例及效率；最后是整合区域内工厂火电使用量、企业清洁能源使用占比、工厂及企业年产出等数据，打通各部门各行业壁垒的信息技术平台，为地方碳交易提供数据支撑和技术保障，加快国家"双碳"战略目标实现。

五、加快建设数据基础设施、加速区域高质量发展的对策建议

数字基础设施是适应新时代发展的重要战略部署，能够为构筑数字驱动型区域创新系统，全面提升国家创新体系效能，进而为加速建设数字中国、网络强国增添新动能。党和国家领导人多次强调要加快完善数字基础设施，推进数据资源整合和开放共享，保障数据安全，加快建设数字中国，更好服务我国经济社会发展和人民生活改善。"十四五"规划也明确提出加快工业互联网、大数据中心等数字基础设施为代表的新基建，是构建新发展格局的重要支撑。

本研究基于城市数据湖的创新实践案例，分析了城市数据湖驱动数字驱动型创新生态建设，进而赋能区域创新发展的概念模型、技术架构和实现路径，并在此基础上进一步提炼了数字基础设施赋能区域创新发展的实现路径和整合价值创造模式。本研究丰富了区域创新系统理论和区域数字化转型相关研究，提炼了数字经济基础设施在推动区域经济创新发展和转型中的模式和作用机制，深化了数字经济促进区域发展的过程机制；并通过扎根案例分析提出了数字驱动型区域创新生态系统的基本框架和生态演化逻辑，拓展了区域创新系统理论。本研究为促进数字经济健康发展，打造现代化经济体系新引擎，促进区域创新与高质量发展提供重要科学决策和实践启示。

未来，中央和地方各级公共部门需要通过制度、技术和市场多维并举的整合式创新发展政策，重视发挥场景驱动的创新优势，通过有为政府和有效

市场结合的方式，加快建设数字驱动型区域创新生态系统，打造区域数字经济与高质量发展的新引擎，有力、有效支撑数字中国建设。

（一）制度创新和顶层设计引领数字驱动型创新生态建设

数字驱动型创新生态架构建设作为创新的源头活水，建议通过有效的制度安排，鼓励企业投入更多资源用于数字底层技术研发。在新型举国体制下，政府和社会资本均为关键性的投资主体。政府部分必须通过合理的顶层设计引导企业瞄准经济社会发展的重大战略需求，关注市场价值与技术前景，创造更大的经济社会效益，实现对各类主体的有效激励。需要指出的是，关键核心技术攻关新型举国体制并非适用于全部科技领域，政府在数字基础设施建设领域要有所为有所不为。要集中力量通过"东数西算"等重大工程，解决市场无效的国家重大数字经济基础建设难题，引导鼓励数据要素和数字技术多元应用场景建设，建立健全数字创新生态系统核心架构。

（二）发挥新型举国体制优势和科技领军企业主体优势

在充分发挥新型举国体制优势过程中，要坚持党管数据，充分体现科技领军企业在数据基础设施建设和技术创新中的主体作用。鼓励企业参与关键核心技术攻关，促进数据要素向企业集聚，建立以龙头企业为核心主体、市场为导向、产学研深度融合的数据驱动型技术创新体系。健全数据的市场导向制度，坚决破除制约创新的制度藩篱和区域"门槛"限制，建立全国统一的数据基础设施标准和数据流动市场，有效支撑全国统一大市场的建设。发挥我国超大规模市场和丰富应用场景优势，推动数据、技术和场景深度融合，利用数字基础设施释放数字技术和数据要素对区域创新生态系统的协同赋能价值。特别是对于国有企业，在支持原始创新、支持其参与重大科研基础设施建设的基础上，推动重大科研设施、基础研究平台和科学大数据资源开放共享，引导支持市场化主体对数字化基础设施的投资和利用，激励企业提高数字创新绩效。

（三）以融通创新加快数字基础设施市场化发展

"双循环"新发展格局下，企业创新模式需要从单打独斗走向协同创新，社会资源需要从产业链整合走向跨行业、跨界融合。大中小企业融通创新意味着大企业向中小企业开放资源和应用场景，以数据、技术和场景赋能中小企业创新发展；中小企业在新的产业形态下实现快速迭代，创新成果通过创新链、供应链、数据链向大企业回流，为大企业注入活力。双方携手共进，加快数字基础设施的融通发展。各地区各部门要在推进全国统一大市场建设过程中，首先要积极引导新兴产业集群发展，支持产业领军企业牵头建立健全数字创新生态体系，为中小企业发展提供强劲引擎。其次应积极鼓励大企业联合科研机构建设公共数据服务平台，向中小企业提供数字创新所需的共性设备和数据库资源，降低中小企业创新成本；引导支持大企业带动中小企业共同建设制造业数字创新中心，建立风险共担、利益共享的协同创新机制，提高数字创新转化效率，通过"大手拉小手"助力中小企业渡过难关，实现区域高质量可持续发展。

第六章 面向碳中和的数据要素价值化实践探索

第一节 数据要素市场培育的河南探索

本部分选择笔者参与组建的河南省数据要素交易场内市场——郑州数据交易中心，作为详细案例解析。为促进数据要素流通，郑州数据交易中心在河南省工业和信息化厅推动下，经省政府审批于 2022 年 8 月 21 日正式挂牌成立。中心首创全省共建统一数据交易平台新模式，引入 18 个省辖市国资平台入股，严守数据安全红线，开展数据要素流通生态建设、体系建设、平台建设、品牌建设和大数据产业与生态的培育工作。

（一）建设经营情况

截至 2022 年底，联盟成员已经超过 200 家，涵盖数据供给方、数据需求方、数据开发商、交易服务商及第三方服务机构等。上架数据应用、数据 API、数据报告、数据集等多种数据类型产品 232 个，涵盖金融、交通、能源、水利、通信、"三农"、住建等行业。牵头撮合数据产品交易 17 笔，交易金额达到 6001.99 万元。

1. 强化数据交易规则体系建设，完善交易规范和标准体系

现已形成了涵盖数据交易中心、数据交易主体、交易生态体系等一系列交易制度、办法、规范和指南；积极参与《河南省数据交易管理办法》《关于组织开展河南省数据要素市场培育城市试点工作的通知》等文件编写，参与《数据要素流通标准化白皮书（2022版）》编写。

2. 重点打造安全、可信的数据交易平台建设

秉持专业、创新、规范的发展理念，不断探索数据交易新范式，首创"交易即交付、交付即计量、计量即出账"的数据流通模式；制定"入场验资质、上架先确权、交易有监管、交付有记录、纠纷有调解、事后有跟踪"的交易流程；打造"产品登记、合规评估、在线交易、在线交付、在线评价、交易监管"的全流程数据要素综合服务平台。

3. 积极开展数据要素市场培育活动，激发市场动能

谋划并举办"郑在讲 郑在行"数据要素市场培育系列专题活动、大数据金融座谈会、企业间沟通学习交流会等，让企业用数据赋能，为企业转型发展助力，大力提振市场信心。

4. 打造数据要素产业，培育大数据主体

建设并运营中原数据产业园，发挥中原数据产业园运营主体聚合作用，打造"招-引-落-聚-新-培-投"的全链式产业生态布局，吸引北京、上海、深圳、山东等地近20家数据要素流通产业链上下游企业入驻园区，全方位助力河南打造国家级数字产业集群。

5. 完善内部管理体制机制，提升公司软实力

坚持稳中求进的工作总基调，推进管理体系和管理能力现代化，切实提升公司治理机制运转效能质量，不断增强企业活力、竞争力、创新力和抗风险能力。科学建立组织架构、明晰公司各项议事规则。制定了30多份与公司合规运营相关的管理制度文件。推动治理体系和管理体系，做到有规可依、依规办事。为公司决策合规、运行有序提供制度保障。

6. 加强人才队伍建设、严抓思想政治

以郑州数据交易中心战略为导向，完善人力资源结构，构建公司人员数量和企业经营规模、人员结构和企业发展阶段相适应的人才队伍。边工作边开展各类思想政治工作，充分保证员工队伍思想的先进性和纯洁性。严守职业规则、法律法规和道德红线，确保数据交易的安全性和合规性。

（二）数据确权流向追溯情况

郑州数据交易中心已实现"准入核验、资产登记、合规评估、数据开发、产品上架、在线交易、在线交付、在线评价"整体数据交易环节全流程线上承载，保证数据交易事前、事中、事后全过程有章可循，有据可依。并将企业审核、产品登记、数据交易、交付等重要过程节点上链存证，确保交易监管机构及交易争议纠纷相关方可通过区块链对交易过程关键信息进行链上追溯，为交易监管及交易纠纷解决提供数据支撑。首先是郑州数据交易中心已成交的 17 项数据产品中，主要流向政府部门用于公共服务和疫情防控；其次是国有企业用于金融模型和市场分析。

（三）信息系统建设情况

1. 数据要素综合服务平台

数据要素综合服务平台以满足数据要素流通为目标，基于数据确权授权、流通交易、收益分配等数据交易市场实际业务发展需求，搭建交易门户、交易大屏、数据交易 App、运营平台、监管平台、数据开放平台、可信流通平台、数据治理平台、基础管理平台、运维监控平台等内容，全力打造数据要素安全高效流通的平台，满足交易中心数据产品登记、确权、交易等业务需求，实现数据产品交易业务线上流转，支撑数据产品的上架、购买、交付等应用，提升数据交易的智能化、便捷化水平。建设完善基础计算平台、运营管理平台、运维管理平台、交易监管平台等技术支撑平台，开发建设数据交易 App 等，打造数据互信交易底座和基础支撑体系，夯实数据交易支撑能力。

2. "豫数链"区块链安全底座

构建数据要素市场流通的"豫数链"区块链底座，通过区块链服务的智能合约、共识机制、分布式账本等特性对数据资产登记、评估、确权等各个环节进行管控；对数据要素流通、数据托管交易、隐私计算等交易场景提供安全存证和可信溯源，满足国家有关政策监管、追溯要求。

3. 数据资产登记平台

拟建设数据资产登记平台，提供对数据资产的合规审查、权属认定、质量评估、等级评定、价值评估等服务，为数据资产的场内及场外流通提供可靠依据。平台采用省市两级建设思路，省级平台制定统一的业务规范和接口规范，市级平台按要求进行对接，以实现省市两级互联互通。

（四）网络安全防护情况

郑州数据交易中心自建专有云平台，采用网络专线接入数据源方，实现数据网内传输，从基础环境和网络上与其他业务系统隔离开，构建稳定、可靠、安全交易与交付的平台。平台安全体系设计根据网络安全法、密码法等标准规范，按照同步规划、同步建设、同步使用原则，对安全建设进行整体规划，以满足等级保护、密码应用评估、关键基础设施要求、数据安全防护等合规性安全能力要求。

依托等保三级要求，通过构建安全物理环境、安全区域边界、安全通信网络、安全计算环境、安全管理中心等安全服务能力建设，为云平台提供事前预防、检测，事中防护和事后响应安全能力，建设一个安全高效的云基础服务设施。

（五）个人信息和数据安全保护情况

郑州数据交易中心主要为数据产品撮合交易，当前不涉及个人信息数据。在交易撮合过程中产生的交易信息数据，平台从如下几个方面进行数据安全保护。

1. 数据安全保障体系总体架构

基于《信息安全技术数据安全能力成熟度模型》（GB/T 37988—2019），设计数据安全规划模型，形成覆盖数据生命周期各阶段以及通用安全要求的、完整的数据安全管理体系和数据安全技术体系，并通过安全运行维护体系和安全保障技术设施支撑数据安全防护体系。

2. 数据安全管理体系建设

从完善数据安全组织管理、提升数据安全人员能力、落实数据安全管理制度三个方面的规划建设，制定完善的管理制度，构建数据安全管理体系。

3. 数据安全技术体系建设

数据安全保护是数据管理的基础设施，从基础生产要素、生产资料的角度全局性地看待数据和数据安全，使数据安全保护化繁为简，逐步落实推进。通过采取必要措施，确保数据处于有效保护和合法利用的状态，以及具备保障持续安全状态的能力。从数据处理过程包括数据的收集、存储、使用、加工、传输、提供、公开等数据生命的全生命周期逐步构建完备的数据治理能力框架。

（六）相关制度标准技术建设应用情况

郑州数据交易中心已初步构建的数据流通交易规则体系，解决数据流通交易过程中确权难、定价难、市场交易主体互信难、入场难、监管难等一系列痛点难点问题，规范了郑州数据交易中心的运行机制，为交易参与主体提供指引。

涉及制度包括：交易规则、应急处理制度、信息披露制度、会员管理办法、风险控制管理办法、数据安全管理办法、中原数据交易联盟管理规范。

涉及指引包括：数据资产登记指引、数据产品合规性审核指引、数据产品安全性审核用户服务指南。

（七）规范数据交易机构建设对策建议

一是根据数据二十条的要求，尽快出台国家级数据交易所和区域级、行业级数据交易场所管理规范，明确各自的经营范围、主管机关、监管要求等，在全国交易场所层面统一交易额、交易标的、数据资产、数据产品等数据的统计口径。

二是降低场内交易的安全合规成本和技术服务成本，促进场外交易转向场内。在国家层面尽快设计、试点地方尽快探索相关场内外交易的监管制度和交易机制，形成场外场内的监管压力差、交易成本差，通过场内交易更好地实现有效监管和个人信息保护。

三是在国家级数据交易场所定位时，更多地考虑共同富裕的要求、欠发达地区的政策支持以及更大程度的数据要素收益分配制度普惠化。拓宽大数据交易到数字权证资产的数据要素化路径，降低数据交易"门槛"，促进社会公众参与数据要素化多层次分配体系。

（八）政府主导数据交易所相关论述

我国数据交易平台众多，但场内交易不活跃，主要仍集中于场外数据交易。数据交易仍然面临多种问题，比如数据监管政策不完善、数据相关技术和交易互信欠缺等。"政府主导"是我国改革开放和经济发展中的一大推动力，政府主导数据交易所发展在"完善市场法制建设、培育市场体系、保护个人隐私"等方面将发挥良性作用，确保数据要素得以较快、平稳、均衡地发挥作用。

1. 有助于科学规划布局、实现有序发展

目前各地数据交易场所在发展定位上、功能定位上界限不清，形成了多个分割的交易市场，导致数据交易市场之间缺乏流动性，呈现交易规模小、交易价格无序、交易频次低等特点，难以真正实现平台化、规模化、产业化发展，无法有效发挥数据交易场所的功能优势。

政府主导数据交易场所，一方面能够统筹优化数据交易场所的规划布局，严控交易场所数量，有利于构建多层次市场交易体系，推动区域性、行业性数据流通使用，有利于构建集约高效的数据流通基础设施，为场内集中交易和场外分散交易提供低成本、高效率、可信赖的流通环境；另一方面政府主导数据交易场所建设坚持"国有控股、政府指导、企业参与、市场运营"原则，该模式既保证了数据权威性，也激发了不同交易主体的积极性，扩大了参与主体范围，从而推动数据交易实现从分散化向平台化、从无序化向规范化的转变。

2. 有助于加强数据供给、培育市场体系

公共数据作为数据资源的重要组成部分，关乎国民经济发展中生产生活的各个方面，蕴藏着巨大的经济和社会价值，同时作为公共物品，其产生、治理、流通均需要长期投入。

通过探索公共数据授权运营模式加强数据供给，协同政府主导的具有公益属性的数据交易场所推动用于公共治理、公益事业的公共数据有条件、无偿使用，探索用于产业发展、行业发展的公共数据有条件有偿使用。一是客观上打破政府数据的封闭垄断，提高数据要素供给数量和质量，通过国资力量培育数据交易市场生态，为数据要素市场的初期发展提供信心和动力；二是通过政府主导培育数据集成、数据经纪、合规认证、安全审计、数据公证、数据保险、数据托管、资产评估、争议仲裁、风险评估、人才培训等第三方专业服务机构，形成健全的市场参与主体体系，为社会数据、个人数据的价值进一步释放提供路径引导。

3. 有助于保护个人隐私、引导合规交易

纯市场化的数据资源交易以赢利为目的，同一市场主体在交易产业链中兼具数据供应商、数据代理商、数据服务商、数据需求方多重身份，在经营过程中往往采用自采、自产、自销模式并实现"采产销"一体化，黑灰交易难以监管，存在大量个人隐私泄露案例。我国先后颁布《数据安全法》《中华人民共和国网络安全法》《个人信息保护法》，政府主导数据交易场所在制度、平台建设方面严格遵守相关法律法规要求，积极探索"数据可用不可见、使用可控可计量，无场景不交易"，对数据源出方要求进行脱敏脱密匿名化处理，对数据加工方审核数据权属来源的真实性，对数据需求方要求仅在特定场景下开展数据应用，通过引导场内合规交易，有助于增强数据的可用、可信、可流通、可追溯水平，实现数据流通全过程动态管理，在合规流通使用中激活数据价值。

第二节　数据驱动智慧城市的开封探索

数据驱动智慧城市的开封模式，以贯彻落实党的二十大精神为导向，以贯彻落实习近平总书记关于加快数字中国建设的重要举措为抓手，推动金融促进实体经济发展，推进数字经济和实体经济融合。以落实国务院办公厅发布的《全国一体化政务大数据体系建设指南》（国办函 102 号）为方向，增强数据目录管理、数据归集、数据治理、大数据分析、安全防护等能力，数据共享和开放能力，提升政务数据管理服务水平，统筹管理、数据目录、数据资源、共享交换、数据服务、算力设施、标准规范和安全保障一体化。以盘活中原数据湖沉淀资产为目的，以数据价值化运营为工具，充分发挥政务数据在提升政府履职能力、支撑数字政府建设为导向，推进开封数据价值化应用，助力开封落实建设全国一体化政务大数据体系，推动中原数据湖建设运营，推进开封融入"东数西算"一体化算力体系，形成"东数西算"开封示范线路。

一、规划背景

（一）必然要求

数字开封建设是落实网络强国战略，加快开封数字政府和智慧城市建设，实现经济社会高质量发展的必然要求。开封华录科技园中原数据湖城市大脑建设项目将通过数字城市建设，强化数字治理、数字服务和数字创新，对加快国家数字城市试点建设步伐、推进落实中央对国家治理体系和治理能力现代化的决策部署具有重要意义。

（二）面临机遇

基于国家东数西算战略、数字政府建设要求、数据要素市场培育、全国一体化政务大数据体系建设等诸多重大战略机遇，开封作为郑州大都市区郑汴港核心引擎区的重要城市，承担着引领中原崛起、河南振兴的重要任务。面对上述重大发展机遇，开封积极打造数字城市、推动河南国家大数据综合试验区建设，落实国家大数据战略核心发展区定位，建设网络经济强市的系列重大战略平台，构建全市经济社会发展的战略引擎，对于实现全市高质量、跨越式、超常规发展，具有重要的战略意义、深刻的现实意义。

（三）发展基础

开封市委、市政府高度重视数字信息技术在城市建设中的运用。2010年，数字开封启动建设；2013年，明确提出大力实施信息化领先发展和带动战略，建设以数字化、网络化、智能化为主要特征的数字城市；2015年，获批国家智慧城市试点，以此为契机拉开"互联网+"的智慧发展大幕；2016年，"市民之窗"服务启用，作为数字城市建设的有效载体和展示平台，成为四级便民服务体系建设的重要组成部分；2017 年，智慧开封"三平台"（城市公共信息融合服务平台、大数据共享交易平台、智慧产业合作发展平台）相继投建或筹建；2018 年，开封市又荣获"中国新型智慧城市优秀惠民城市"殊荣。数字城市建设的有力推进，为加快实现数字城市转型夯实基础。

信息基础设施建设推进有力。开封市先后实施了"光网工程""云网工程"，基本实现全市全光网覆盖，网络带宽不断提升，5G 网络实现市区全覆盖；建成国际互联网数据专用通道。政务网络基础设施、云平台、数据共享交换平台、数据中心、基础数据库、应用系统的建设有序推进，整体运行安全稳定。全市依托政务云平台新建重要系统 70 多个，部门信息化水平得到大幅提升，信息基础设施初具规模，为建设数字城市提供了有力支撑。

政务服务能力品质显著提升。建设中部地区营商环境国际化引领区，全面推进"放管服"改革，一批改革成果走在全省、全国前列，实现了在改革中"放"出活力和动力、"管"出公平和秩序、"服"出便利和品质。依托市"互联网+政务服务"平台，推动数字化行政管理、数字化公共服务、数字化经济驱动，促进城市高效治理、政府有效运行、产业加快转型，强化政务服务能力，形成"一门集中、一口受理、一网通办、一窗发证、一链监管、最多跑一次"的"六个一""放管服"改革开封模式。

城市治理能力品质探索创新。开封市深入学习贯彻习近平总书记关于提高城市治理水平的重要论述，建设了基层社会治理"一中心四平台"（综合指挥中心，综合治理平台、便民服务平台、双向交办平台、综合监督平台），打通了基层治理信息"瓶颈"。"一中心四平台"围绕社会治理现代化主题，借助网格化管理和信息化治理，具体量化了基层网格工作，推动党委、政府工作重心不断下移，激发基层活力，形成"党建引领、网格为基、技术支撑、资源下沉、哨响人到"的"互联网+社会治理"工作新机制，同时也为开封未来城市建设奠定坚实基础。

总体上看，开封市处于城市数字化加速转型的关键期，在城市信息化建设方面已有诸多探索实践，具备超前的发展理念和良好的发展环境，加快数字城市建设具备基础条件。

（四）重要途径

贯彻以人民为中心的发展理念，推动政府数字化转型，提供优质高效的政务服务，提升社会治理现代化水平是数字城市价值的直接体现。推动政务服务、公共服务向供给侧和需求侧并重转变，坚持以人民群众需求为起点，通过新技术应用不断创新政务服务模式，构建群众满意、企业认可的数字化政府及服务体系，是实现优政、惠民、利企的重要途径。

近年来，开封市紧密围绕"放管服"改革，着力推进"互联网+政务服务""一中心四平台""数字城管""智慧环保""智慧警务"等建设，通过开展一系列业务创新工作，在社会治理、便民服务、营商环境等领域打开了新局面，数字城市建设工作成效显著。

二、总体要求

（一）指导思想

党的十八大以来，党中央高度重视发展数字经济，将其上升为国家战略。党的二十大明确指出，要推动战略性新兴产业融合集群发展，构建新一代信息技术等一批新的增长引擎，促进数字经济和实体经济深度融合。

河南省高度重视和深入贯彻落实中央政策精神，近年出台了一系列促进数字经济发展政策，全面部署推进数字化转型战略，加快建设数字强省，为现代化河南建设提供强劲动能和数治支撑。

开封市委、市政府以实际行动贯彻落实党的二十大精神，践行河南省数字化转型工作指示，推动开封融入"东数西算"一体化新型算力网络体系，联合中央企业共同探索国家金融工具政策的创新应用，打造开封数字经济发展新引擎。

（二）基本原则

1. 集约优先，有序推进

统筹规划全市数字城市建设，根据国家及省、市相关法律法规和标准规范，结合实际，开展数字城市集约化建设，将一体化建设存储、算力、信息化平台工具等，为多样、多需求的智慧城市应用奠定基础。有效整合全市各委办局信息化资源，协同推动业务流程及管理机制优化，有序推进数字城市信息化项目建设，科学合理规划，避免重复建设。

2. 政府引导，多方参与

数字城市建设涉及基础设施、城市治理、产业经济、公共服务等多方面，运作模式呈现多样性，资金需求量巨大，需要在政府引领、统一推进的前提下，通过市场化手段，吸引多方组织和机构参与，提高建设运营效率。

3. 融合开放，资源共享

充分重视数据资源的重要性，采用知识图谱、人工智能、区块链等先进技术，推进现有数据资源的深度整合与应用，以互联互通、信息共享为目标，突破部门界限和体制障碍，加强政府部门之间、政府与社会间的数据共享和安全，有序推动数据的社会化开发利用，激发数据创新活力，提升数据创新能力，充分释放数据红利。

4. 需求为先，稳步拓展

综合运用多种手段创造公平、便捷的信息化应用环境，加强对基层公共服务的覆盖，促进公共服务均等化，把群众需求最迫切的民生应用作为建设的重点，优先选择使用范围广、使用频率高、体现开封特色的服务实现应用，小步快跑，快速迭代，稳步推进各部门业务和数据的融合与创新，不断拓展城市便民服务的创新应用。

（三）发展目标

以人民为中心，以"强基、善治、惠民、兴业"为数字城市建设总体目标，秉持"整体规划、着眼长远、立足当前、稳步推进、持续运营"的原则，重塑政务流程、资源配置，持续推进数据治理，构建大数据驱动的政务服务新机制、新平台、新渠道，全面提升政府行政效能，创新社会治理模式、营造良好营商环境、提升民生服务水平，促进经济社会持续健康发展。

到 2025 年，数字城市建设将取得显著成效，城市基础设施更加智能，城市管理更加精细，公共服务更加智慧，生态环境更加宜居，产业体系更加优化，发展机制更加完善；实现政务服务"一网通办"、城市治理"一网统管"、决策指挥"一屏统览"、政府办公"一网协同"、城市生活"一码通城"、产业发展"一站赋能"。

——政务服务"一网通办"。

打造"互联网+政务服务"一体化引擎，纵深推进"最多跑一次"改革，围绕一件事一次办，开展开封市政务服务事项精细化梳理和流程优化改造工作，加快线上线下融合，推动信息共享、流程优化、跨域通办，全面推进网上办、就近办、同城办、异地办、全域办、指尖办等便捷化政务服务。探索"秒批"、亮码办、集成办、跨域办，让老百姓办事不出社区、企业办事不出园区，不断提升市民和市场主体的满意度。

——城市治理"一网统管"。

在社会治理、公共安全、城市运行管理的各领域通过信息化手段建成反应快速、预测预判、综合协调的一体化城市运行管理体系，实现市区联动、部门联动、全城联动。

——决策指挥"一屏统览"。

融合政府、企业和社会组织提供的与市民生活相关的各类服务，建设一体化市民服务平台，政府可通过大、中、小屏全面掌控社会治理，市民通过手机等移动终端可方便快捷获得高品质生活服务。建成全面感知城市安全、交通、环境、网络空间的感知网络体系，统一视频监控体系，充分运用新一代信息技术感知物理空间和虚拟空间的社会运行态势，建设数字开封"一图十景"，实现历史时空回溯、现实时空构建、未来时空推演。

——政府办公"一网协同"。

打造"指尖政府"和政府办公统一入口，构建"全域大协同"一体化体系，建设"智能协同中枢"，让数据多"跑腿"，让干部群众少"跑路"，实现政府机关内部和跨层级、跨地域、跨系统、跨部门、跨业务的沟通协同、业务协同和数据协同，切实为公务人员松绑减负，提升政府数字化管理能力。建设快速的赋能平台，实现轻量化应用集成和对接，与各个部门共建开放共享的政务办公服务应用新生态。

——城市生活"一码通城"。

建成城市码标准、发码、亮码、运营一体化服务体系，通过数字身份识别和社会信用体系办理各类服务事项，实现政务"秒批"、快速入园、便捷入住、云游开封、智慧停车、智享生活。打造统一城市入口，构建统一民声入口平台，推进各领域应用接入统一民声入口平台，打造统一入口平台、统一服务平台、统一开放平台，智慧应用互联互通、智慧入口开放互联，实现民声诉求一键呼应。

——产业发展"一站赋能"。

通过数字城市建设，夯实城市智慧基础，指引产业升级方向，释放数据红利，打造成基于开封特色的大数据创新创业服务平台，提升数字化、智慧化、智能化产业经济活力，开拓性构建数字政府、数字城市、产业升级等融合创新、双驱动、双循环的新一代要素市场经济体系，构建数字经济发展格局，培育数字经济新动能，扶持和支持数字经济的健康可持续发展。

构建管运统筹、服务全域的市县（区）一体化的数字城市运行体系，推动数字开封建设走在全国前列，打造中原标杆。具体实现如下方面。

1. 数字基础设施持续完善

坚持"统一规划、设施共建、互联互通、数据共享、功能互补"的原则，建成覆盖全市的高速、移动、安全、泛在的新一代信息基础网络，建设多"云"融合的政务云平台，完善开封市大数据中心建设。形成各类数据资源全面分级共享的运行体系，建立"跨层级、跨地域、跨系统、跨部门、跨业务"的数据共享交换机制以及政府和社会数据共享开放机制，在全市统一的数据中台之上强化数据治理分析、知识图谱应用，形成政务数据资源开发应用新格局。

2. 城市指挥决策科学有力

建设"城市大脑"。建立跨部门信息开放共享和业务协同融合机制，从政府部门和全市统筹的角度出发，通过技术创新打造"一指触达、一图总览、一网统管"的智慧决策指挥中枢，为政府指挥调度和辅助决策提供科学有力的抓手，形成数字城市运行管理的"中枢系统"。全面实现政务和公共服务统一调度、应急管理统一指挥、辅助决策统一支持。

3. 城市治理能力明显提升

以"城市大脑"、基层社会治理"一中心四平台"、数字城管、智慧环保、"12345"市长热线等为依托，拓展网格化管理服务应用范围，建成多部门联动的市域治理机制。实现数字政务广泛应用，信息便民惠民利民水平大幅提升，治理手段更加多元，供给能力显著增强，线上线下结合更加紧密，公共交通服务水平大幅提升、城市交通拥堵得到缓解，社会应对突发公共事件灾害能力显著提升，社会治理能力和城市管理能力达到现代化水平。

4. 民生服务能力多元普惠

坚持"以人民为中心"，利用5G、人工智能等新技术，创新服务手段，丰富服务供给。实现跨部门、跨层级数据共享、身份互信、证照互用、业务协同，建成线上线下一体化的公共服务渠道，整合人社、教育、健康、文旅、民政、交通等民生重点服务领域，打造覆盖全市、全城通办的一体化、多层次、高质量的"互联网+政务服务"体系，铸造开封市政务服务品牌。构建智慧化、多样化、多层次、多类型的社区生活、家庭生活、居家养老体系，形成全方位、一体化的智慧生活新模式。

5. 产业转型升级创新增效

基于开封市产业特色，聚焦企业全生命周期，全链条优化营商环境，形成"三产互动、智慧融合、集群创新"的产业经济发展模式，培育一批信息产业重点领域示范应用，引领一批传统产业加速转型升级。一是推动产业数字化发展，促进互联网与制造业、服务业进一步融合，推动云计算、物联网、5G、工业互联网、量子计算、人工智能和大数据等新技术的广泛应用；二是推动数字化产业发展，加快发展电子商务、大数据、数字文化、互联网增值服务以及信息咨询等产业，使软件和信息服务业成为开封新的经济增长点。

三、总体架构

1. 整体框架

开封华录科技园中原数据湖建设项目按照"一朵云、一张网、三中枢、一中心"的整体架构规划,将中原数据湖打造成为开封市数字经济增长的新引擎。其中,一朵云包括电子政务子云、信创子云、国资子云、行业子云;一张网包括互联网、政务网、物联网、专线网;三中枢包括智存中枢、智算中枢、智应用中枢;一中心指综合指挥中心。

2. 建设思路

按照"应用促基础、基础撑应用"的建设思路,在一定基础上建设实用为主、管用为主的数字开封,构建"市县一体"的运行架构,统筹推进"一朵云、一张网、三中枢、一中心"建设,构建全市一体化大数据平台和"城市大脑",推动数据跨层级、跨地域、跨部门汇聚共享开放,实现各级、各部门智慧应用与指挥调度的横向互联、纵向贯通及条块协同。构建感知设施统筹、数据统管、平台统一、系统集成和应用多样的"城市大脑",支撑全市数字城市建设。按照"平台上移,应用下沉"原则,县级基于市级"城市大脑"开发部署特色智慧应用,建设县区镇分平台。

四、建设内容

开封市委、市政府从本地实际需求出发,以将开封市建设成全省乃至全国数字经济发展标杆为导向,结合中原数据湖现有基础,深挖数据价值,创新开封数字经济发展模式和中原数据湖运营模式,以数智集团公司为抓手,实现开封产业数字化转型,赋能开封数字经济高质量发展。

(一) 一朵云:赋能市县乡三级政府智慧治理

开封城市"一朵云"作为数字经济发展的新底座,以基础创新为核心,秉承集约化建设和高效率运营的方针,聚焦城市级场景应用落地,切实推动"创云、上云、用云",推动城市整体数字化转型。

通过集约化建设,统一高效运维运营,构建高可靠、高安全、可持续创新的云底座和云服务,可为市政府以及企业避免重复性投资;也可打造主动式、多层次创新服务场景,结合城市大数据、数据价值挖掘、人工智能等新技术手段,全面赋能各行业应用领域,为各级政府智慧治理提供数字化支撑,为产业生态建设提供数字化服务，提高决策和管理水平。城市"一朵云"主要包括以下内容。

1. 电子政务子云

构建开封市统一电子政务云基础设施，提供云上和本地部署体验一致的云服务，匹配政府组织架构和业务流程。

2. 信创子云

以国产化的CPU、操作系统为底座，构建自主可控的云平台，统筹利用计算、存储、网络、安全、应用支撑、信息资源等软硬件资源，发挥云计算虚拟化、高可靠性、高通用性、高可扩展性及快速、弹性、按需自助服务等特征，提供可信的计算、网络和存储能力。

3. 国资子云

为开封市企业构建先进的云底座，支撑企业开展数字化转型，开展业务平台上云、企业数据备份、数字化转型服务等业务。

4. 行业子云

为开封市公安、交管领域构建专用私有云环境，为"公安大脑"、智慧交管提供安全可靠的IT基础设施。

（二）一张网：打通城市智能经济体经脉连接

建设"一网多平面，专网级体验"的城市一张网，统一承载政务、物联、专线连接等业务，有效实现智慧城市数据的互联互通，构建省市联动、对接全国的惠政、利企、便民数据网络，实现数据资源的集中调度、治理策略的统一部署、运维故障的统一排查、安全威胁的全局感知，全面实现城市数据资源的池化和服务化。

（1）互联网：基于互联网，支撑一体化在线政务服务平台网上身份实名认证，建设"身份证+社保卡"上网信令，为开封市市民提供身份统一认证服务。

（2）政务网：为政府机关、事业单位等公务人员，提供指纹、人脸、密码等统一身份认证服务。

（3）物联网：建设城市级物联网体系，通过云化的大数据、物联网、云平台全面感知城市信息。全面接入重点区域监控摄像头、门禁、车辆道闸、车联网传感设备、智能灯杆、智能电表、养老辅助设备等物联感知设备，构建"物云融合"的城市神经网络。

（4）专线网：主要用于机关非涉密公文、信息的传递和业务流转，如公安专网、会议视频专网等，以便实现公共服务与内部业务流转。

（三）三中枢：建设整体集约化城市中枢体系

从全市总体出发，统筹市、区县、局委办任务措施，加强顶层设计、深度谋篇布局，建设能共享、可复用、高可靠的城市中枢体系，实现政务服务效能提高、社会治理创新，推动数据资源共享开放，赋能产业转型升级。

基于城市统一的数据底座，采用整体化、集约化建设理念，建设智存中枢、智算中枢、智应用中枢等体系及业务应用场景，提供一网统管的科技化治理能力。

1. 智存中枢：海量数据汇聚存储

建设包含冷热数据交互中心、"东数西算"数据节点、行业数据存储中心、综合档案存储等模块，辐射河南省及全国，能够实现温冷数据长期存储、超级智能存储，实现冷热数据交互的安全可靠、绿色低碳的数据备份存储中枢。

（1）冷热数据交互中心：按照冷热数据分级分类存储的理念，依托中原数据湖已有的蓝光存储集群，开展冷热数据交互服务，为开封市现有业务系统、政务云平台，提供本地数据备份存储服务、灾备数据恢复业务等。

（2）"东数西算"数据节点：打造"东数西算"数据枢纽，将开封作为数据交汇、传输、分发节点。发挥央企引领作用，推动中央部委及企业数据在中原数据湖备份，同时连接易华录在全国的其他30多个数据湖，其他数据湖数据优先在中原数据湖备份存储，将中原数据湖打造为海量数据存储节点。利用迁移软件或数据快D箱，采用在线或离线的方式，一次即可完成PB级海量数据迁移，构建存储中心与算力中心的互联互通。

（3）行业数据存储中心：依托开封市委、市政府和河南省工信厅的支持，发挥数智集团公司、郑州数据交易中心的股东作用，推动协调河南省乃至全国的电力行业数据、交通行业数据、医保卫健行业数据等在中原数据湖存储备份。

（4）数据档案馆服务：面向开封市各级档案馆、政府部门、企事业单位、博物馆、红色纪念馆等单位，提供电子档案管理系统、实体档案托管、档案数字化扫描、档案查询利用服务四大类业务。依托蓝光存储长期、稳定、防篡改的优势，将历史档案数据、文物考古数据、旅游文创数据、社会变迁数据等长期存储，打造城市记忆长廊。

（5）数据登记管理：建立数据登记制度，制定数据计量标准、数据登记规范、授权声明规范等，对数据产生者、数据使用方式、数据需求者等进行登记。

2. 智算中枢：城市算力服务调度

建设包括集约共享数据底座、城市智能中枢、弹性伸缩的孪生基座、共建复用的业务能力中枢和城市级驾驶舱等在内的智慧城市算力中枢。

将接入全市上万路摄像头，建设开封市视频管理平台，实现视频统一接入和分发；建设人工智能平台和数字视网膜平台，实现数据结构化以支撑未来智慧化场景应用等。

通过一个平台统管全城、融汇全城，一套算法赋能全部门，推动一系列闭环治理，并形成客观监督考核体系。充分释放视频资源的价值，赋能各个行业快速构建可视化、智能化的视频资源应用能力。最终促进视频资源融合管理应用与各委办局职能相融合，建立起自动化、智能化的预警防范机制，为政府决策指挥提供智慧支持，提升城市精细化管理水平。

3. 智应用中枢：智慧城市应用系统

通过创新智慧城市应用系统，形成智慧文化旅游、普惠金融服务、数据流通交易三大场景应用，解决民生领域教育公平、社区管理、停车服务、医疗健康四大难点，布局政务、政法、应急、文明创城、园区、水务、公安等N个热点。

（1）数据确权交易中心。

以海量数据汇聚、低成本存储、高效化治理、场景化应用、合规化流通交易为业务主线，建设数据确权交易中心，构建智慧城市应用系统的业务支撑系统。

汇聚存储城市数据，完善数据登记。建立数据确权授权节点，开展数据登记管理。基于市民统一身份认证体系，将居民信息和所拥有的数据做统一登记管理；基于数据产品统一标识管理和 DRS 体系，对数据产品服务进行登记管理；建立数据使用授权流程与规范，开展数据授权认证与留存等业务。和郑州数据交易中心协作，开展针对整个河南省数据交易市场的身份认证、数据产品登记、数据授权认证与留存等服务。

授权开放政务数据，推动数据流通。承接开封市政务数据开放共享平台，开展各委办局数据的数据治理、编目、清洗等数据加工服务，形成政务数据资源共享目录，推动数据安全有序开放。

建设数据"暖箱"，开发数据产品服务。基于"数据可用不可见、可控可计量"的原则，建设数据"暖箱"，在安全隔离环境下实现对开发者账号、数据、算法、算力等的管理调度，统筹数据安全与数据产品开发。

以数据要素流通交易实现数据营收。建设数据交易平台、数据运营管理平台、区块链平台、数据安全治理平台、API 网关监测系统、运维安全管控系统、终端防泄露系统、数据库审计系统等，杜绝数据泄露、确保数据安全。专注金融服务、"三农"助贷、商保大数据、产业链精准招商、易企查服务、人社数据运营、市场监管数据运营、企业服务等重点场景，开发数据 API、数据产品、行业解决方案、数据报告等数据产品，统筹数据安全与流通交易，实现数据营收。

（2）三大亮点。

智慧文化旅游。通过"文旅规划设计+智慧文旅建设+文旅投资运营+目的地智慧营销"，为开封市文旅主管部门、景区、文旅投资企业提供包括策划规划与设计、智慧系统研发与建设、智慧文旅平台投资运营、文旅项目智慧化运营与旅游目的地智慧营销等在内的服务，推动开封市文旅产业数字化转型和高质量发展。

普惠金融服务。汇聚海量的市场监管、税务、公积金、社保、水电气、不动产等公共数据，结合企业资产、经营、处罚、信用等基本信息，建设普惠金融服务平台，通过数据治理、脱敏、加工等服务，构建金融产品风控模型，解决中小企业融资难、贷款难等问题，为银行提供客户筛选、信用评估、存量客户管理等服务，推进企业信用体系建设，构建社会诚信制度。

数据流通交易。基于非登记不确权、非确权不交易、非法数据不入场等基本原则，以数据汇聚、治理、开发、应用和交易为核心，建设城市数据资产运营平台，并推动形成河南数据交易开封节点和确权节点。开展公共数据运营服务，在全国一体化政务平台建设的基础上，以场景为驱动，促进政务数据共享开放，实现数据资产化价值化，推动中原数据湖获取相应委小局的政务数据授权，重点推进普惠金融、能源电力、"双碳"环保、"三农"服务、卫健医保、社会保障、交通、市场监管、企业服务等行业数据应用热点场景，依法依规开展政务数据授权运营，通过数字经济和实体经济的交叉融合，助力企业转型升级，实现数据要素运营收入。

（3）四大难点。

智慧社区服务管理。智慧社区作为我国城镇化发展的新战略以及社区管理与服务的创新模式，开封市高度重视智慧社区的建设，通过布设社区感知设备，构建智能物联感知网络，将视频监控和预警系统有效结合，建立社区综合管理平台，建设市级社区养老服务平台，建设紧急求助系统、安全用电监测系统和三维防护系统，汇聚社区各类物联网设备的数据信息，对接各类人口、事件、消费、健康等数据，提供数据交易运营服务，打造集社区安防、管理、养老、服务于一体的综合性智慧社区体系，为社区长效化运营服务提供数据基础。

智慧教育。建设智慧教育大数据中心，保障平台基础信息与各业务系统间的互通互联。建设智慧校园，为教育管理部门、学校、教师、学生、家长提供"一站式"教育应用服务。提高教育数字化、网络化、智能化水平，促进教育资源开放、共享、交互、协作，形成以数据为基础的精准决策，促进教育均衡发展，提升区域教育治理水平。

智慧停车运维。建设停车资源看板，可视化展示全市/区停车场分布、停车场总量/停车场上线率、泊位分布与泊位总数、接入泊位数/接入泊位率、空余泊位数/泊位空置率、泊位利用率、车辆出入数量/进出场比等数据，实现包含车场态势、分布规律、空置率、利用率、周转率、进出流量、溯源地等在内的停车态势研判，对违法停车进行有效监管，以及提供停车费支付、车位预约、错峰停车等功能管理服务。

智慧医疗服务。医疗保险面临基金收支平衡压力增大、医疗服务违规行为多发、传统经验决策方式落后等多方面挑战。基于开封市医疗卫生信息化基础和"城市大脑"中枢体系规划，建设数字健康城市服务平台、智慧健康惠民服务平台、智慧医疗协同服务平台、数字治理智慧监管平台，实现智慧医疗服务。

（4）N个热点。

适度布局缓堵交通治理、市场监管平台、数字乡村振兴、文明创城、档案存储、低碳园区、企业数字化转型服务、水务、公安等多个热点应用。

缓堵交通治理。构建"端、边、云、服"综合缓堵交通治理协同管控方案。对于端侧，在路口侧实现信号机联网联控升级改造，建设前端感知设备，采集路网信息实现多源数据融合感知。对于边侧，交通边缘处理器基于边缘计算理念，实现本地智能信号控制、车路协同交互、路口秩序安全监测"三位一体"智慧路口建设。对于云，建设自学习优化控制系统，通过多源融合交通数据和人工智能技术，实现"统一联网联控、智能控制分析、缓堵决策辅助、重点区域治理"城市交通缓堵全场景覆盖。对于服务，专业技术团队和实战型人才组建优化配时服务团队，利用专业的管理规范与领先的核心技术，有针对性地解决交通拥堵问题。

市场监管。建设智慧监管大数据中心，打通市场监管业务中产生的大量数据，实现数据统一汇聚融合；统一各业务系统数据标准，通过数据治理操作，提升数据质量，实现数据价值化和共享化。建设互联网+明厨亮灶/农贸市场，将全市机关、学校后厨视频接入，变被动监管为主动监管。建设平台经济综合监管服务系统，食品安全智慧监管平台，食品追溯、抽检系统，医疗器械监管平台，强检计量器具监管平台，特种设备安全监管平台等，覆盖市场监管局监管业务内容，实现全局监管和应急指挥，推动社会共治。

（四）一中心：综合指挥中心

基于城市统一的云底座，采用整体化、集约化建设理念，打造高水平、高质量、能实战的综合指挥中心，实现横向上各部门各领域互通互联、纵向上市-区/县-街镇/乡-社区/村-基层等各级贯通，集随时会议、随时指挥、随时调度、随时核查等功能于一体，为多部门联动工作、统一指挥、统一行动、统一资源调配提供支撑，实现跨层级、跨地域、跨部门的指挥调度。

1. 实现城市信息"一图总览"

基于数字孪生中台构建"开封市一张图"，打造数字孪生城市示范应用。将所有城市要素与平台关联，形成历史时空回溯、实时时空构建、未来时空推演，实现城市信息"一图总览"，掌控全市全局信息和空间运行态势，实现各类覆盖地上、地表、地下的现状与规划以及各类业务数据的集成与计算应用，实现各种模型的集成与轻量化建库、多尺度仿真模拟和分析等功能，一屏掌握全市的政务资源、城市部件、社会资源等情况及民情、企情、政情信息分布等城市运营情况。

2. 实现指挥决策"一网调度"

打破部门、条线障碍，构建完整、统一、高效的智能指挥决策能力，实现协同调度、资源管理、挂图作战、应急预案、勤务值守一体化。强化市、县（区）、乡（街道）各级指挥中心横、纵双向联动处置机制的建设，使市、县（区）、乡（街道）各级指挥中心掌握对所辖区域城市运行的整体情况，实现实时感知、实时发现、实时预测、实时处置。统筹市、县（区）、乡（街道）各级指挥中心对所辖区域的"大事"进行协调联动，对防汛防台、重大工程、督办任务进行挂图作战，支撑各部门多级联动协作、现场指挥调度、实时分析决策。全局掌控城市平时的综合运行态势，实现全城指挥调度横向到边、纵向到底。

综合指挥。打通开封城市事件的处置流程与模式，打造跨网跨空间的协同能力，融合业务部门指挥中心能力形成联动指挥体系，规划指挥一张图、协同调度、勤务值守、资源管理、指尖指挥、任务值班管理等应用，以挂图作战为核心，形成政务工作的工程化管理能力；实现面向政府部门的智慧决策指挥中枢，为数字城市运行打造统一、协同、智慧、可视的决策指挥界面。

城市体征。对基础设施、产业经济、社会治理、政务服务、民生服务、城市管理、生态治理七大领域进行顶层设计梳理，形成城市运营体征指标体系，对城市运营状态进行全局监控，为管理者提供城市监测统一视图，协助进行前瞻分析，为城市治理提供辅助决策。

3. 实现政府协作"一指触达"

进一步提升移动端的应用连接能力，通过移动端掌握城市运行态势、热点事件、宏观发展等情况，随时连线各方下达管理指令。

运行态势一机感知。进一步融合数据分析、即时通信、融合通信等能力，根据用户角色的差异，在手机端定制化展现城市运行态势和重点业务动态。

指挥决策"一键触达"。指挥决策不受到物理空间的局限，各级各部门管理者可以实时随地调阅数据、下达管理指令，各经办部门实时将指令转化为具体任务，落实反馈。另外，还可以根据需要实时连线专家、企业、群众进行多方会商和协同。

五、推进路径

以重组后的数智集团公司（拟，以最终工商注册名称为准）为契机，运营中原数据湖，充分发挥近 20 亿元资金的价值，挑选优质企业，以提供设备、办公场所、数据、技术平台、资金等方式作股，使目标企业入驻中原数据湖产业园，实现数据招商引资。

（一）成立一个领导小组

成立建设工作领导小组，由市委常委、副市长担任组长，市政府分管副秘书长、市政务服务和大数据管理局负责同志担任副组长，工作领导小组成员从各委办局抽调分管的处级领导。小组办公室设在市政务服务和大数据管理局，办公室主任由市政务服务和大数据管理局局长兼任，抽调市级各相关部门一名熟悉业务的科级干部作为小组办公室成员，数智集团公司作为支撑单位，抽调数据要素市场化业务、技术骨干人员作为小组办公室成员。

（二）组建一个集团公司

推动组建以易新为主体的数智集团公司，授予易新开封市政务数据运营权，协调易新承接郑州数据交易中心2%的股权，将数智集团公司打造成为实施数字化转型战略的先行军，带动全市数字经济建设工作机制创新，加快推进数字经济体系建设和企业数字化转型。以智慧治理为引领，推动开封城市治理跨入精细化新阶段。

（三）建设一个产业园区

打造开封市零碳数字经济示范园区，吸引分布式光伏投资（比特+瓦特）的资金进入开封，可以纳入作为未来项目运营的资金来源。推动园区建设运营智能化与低碳化同步发展，向政府争取把一部分新能源指标交给数据湖项目公司运营，数据湖机房本身可以消纳新能源发电，建设数字经济零碳园区。

将中原数据湖产业园打造成开封市大数据产业集群示范点，引入金融、交通、医疗、文旅、教育、社区管理、市场监管、应急等重点行业的大数据服务企业入驻，共同推进项目建设。

（四）设立一个人才学院

建设开封数据资产研究院暨大数据人才培训学院，依托已建设完成的中原数据湖产业园区，联合多方优势资源，重点开展理论研究、政策建议、技术创新、数据运营、人才培训等业务。

打造开封市工信大数据产业人才培养基地、数字人才创新基地，为开封培养本地大数据人才，开发银行、保险、医疗、电力、"双碳"、交通等领域的数据应用场景与数据服务产品。

（五）用好一个产业基金

通过数据湖运营和数字经济产业集聚，促进开封市成立10亿元规模的开封市数字经济产业发展基金，暂定一期基金2亿元，其中河南省级产业基金注资 1 亿元，开封市国资系统注资 5000 万元，基金管理人募集 5000 万元，孵化一定数量的优质企业，通过股权投资获利，并拉动不少于 10 亿元的产业投资。

六、实施保障

（一）党建引领

市委统筹、成立专班，着力解决有关重大问题，将中原数据湖的建设融入党的建设和经济社会发展全过程。完善项目推进机制，在工作范畴、管理职能、服务保障、人员培养、信息化建设等方面进行组织和流程再造，构建党委领导、政府负责、民主协商、社会协同、公众参与、法治保障、科技支撑的数字开封统筹管理体系，推进市域社会治理体系和治理能力现代化。

（二）组织保障

建立项目建设工作领导小组。建议由市委常委、副市长担任组长，市政府分管副秘书长、市政务服务和大数据管理局负责同志分别担任领导小组副组长，办公室设在市政务服务和大数据管理局，成员包含相关委办局领导，数智集团公司作为支撑单位。

领导小组通过会商研判机制、信息互通机制、督促落实机制三大机制开展工作。一是定期召开全体成员工作会议，加强信息互通、工作协同，提升工作整体质效；二是组建各成员单位联络员工作群，原则上每周召开联络员例会，交流日常工作，向定期会议提出工作举措和建议；三是督促指导各成员单位推进项目建设工作领导小组作出的各项工作部署，强化责任担当，切实解决项目问题。

（三）机制保障

制订总体规划实施方案和年度计划，加强对各级各部门政务服务创新、数字化建设的督促指导，及时反馈工作落实情况。制定数字城市整体协调推进工作机制，加快完善数字城市建设项目立项审核、融资采购、实施监督、运营运维的相关制度，健全数据治理体系。制定数字城市建设运营全生命周期质量管理要求和绩效评估指标体系，对工作进展和落实情况进行全面督促检查，不断优化数字城市建设推进的环境。出台与数字城市建设相配套的政策制度、标准规范，构建各级各部门协同联动、同步推进的综合协调机制，保障数字城市建设可控、有序、同步推进。完善鼓励创新、宽容失败的机制，让数字城市建设者敢于探索、勇于突破。

（四）人才保障

加强数字城市人才队伍建设，将数字城市建设列入市领导干部和各级政府机关工作人员学习培训内容，建立普及性与针对性相结合的培训机制。拓展"政、校、企"合作，以河南大学、开封大学、黄河水利学院等为依托，积极培养既精通政府业务又能运用新一代信息技术开展工作的综合型人才。为数字经济产业培养专业人才队伍，建立高端人才引进机制，切实落实高端人才引进的待遇、住房、子女就学、医疗保障等政策。完善专家智库，吸纳更多高校科研机构、社会企业人才参与数字城市建设。

（五）安全保障

构建涵盖安全监管、安全技术、安全运营和安全管理内容的网络安全保障体系，建立业务监管与行业监管有机结合的安全监管机制，形成自下而上、技术创新、全面覆盖的安全技术防护体系，贯穿政务应用、公共支撑平台、数据资源和基础设施规划、建设、运营、管理全过程，为安全运行管理保驾护航。

（六）宣传保障

加快政务品牌塑造，加强常态化品牌推广，充分利用传统媒体和政务新媒体渠道，以及微信公众号、小程序、微博、短视频、直播等新方式，重视舆论引导，宣传推介数字城市建设的最新成果，营造数字城市建设氛围，塑造数字开封品牌，提高各部门、各领域对数字城市建设的紧迫感、使命感和成就感，提高社会公众对数字城市建设的认知度、认可度和参与度。

第三节 数据要素生产资料化的兰考探索

一、建设背景

2022 年 3 月 28 日发布的《中华人民共和国国民经济和社会发展第十四个五年规划和 2035 年远景目标纲要》提出，要"建设智慧城市和数字乡村""加强公共数据开放共享""推动政务信息化共建共用""提高数字化政务服务效能"等。

2022 年 6 月 23 日，国务院印发《关于加强数字政府建设的指导意见》，提出要"推进数字化共性应用集约建设""构建城市数据资源体系""加快推进城市运行'一网统管'""推进数字乡村建设""构建农业农村大数据体系"。

2022 年 10 月 28 日，国务院办公厅印发《全国一体化政务大数据体系建设指南》，提出要实现"统筹管理一体化""数据目录一体化""数据资源一体化""共享交换一体化""数据服务一体化""算力设施一体化""标准规范一体化"。

2022 年 12 月 19 日，中共中央、国务院印发《关于构建数据基础制度更好发挥数据要素作用的意见》，明确指出"探索建立数据产权制度""完善和规范数据流通规则""建立体现效率、促进公平的数据要素收益分配制度""建立安全可控、弹性包容的数据要素治理制度"。

2023 年 2 月 27 日，中共中央、国务院印发了《数字中国建设整体布局规划》，提出要夯实数字中国建设基础、全面赋能经济社会发展、强化数字中国关键能力、优化数字化发展环境。

基于上述一系列对数据相关业务、数据市场建设的思考和指引，在 2023 年 3 月 7 日，正式组建国家数据局，负责协调推进数据基础制度建设，统筹数据资源整合共享和开发利用，统筹推进数字经济、数字社会规划和建设。

新时代带来新机遇。兰考县作为焦裕禄精神的发源地、习近平总书记第二批党的群众路线教育实践活动联系点、全国普惠金融改革试验区、国家乡村振兴示范县、全国首个农村能源革命试点建设示范县，如何实现把强县和富民统一起来、把改革和发展结合起来、把城镇和乡村贯通起来是当前需要重点关注的问题，由此提出了"数据要素生产资料化红色试点"的新型历史性发展新命题。

二、建设目标及内容

全面部署推进兰考数字化转型战略，聚焦"数字城乡、普惠金融、能源革命"，通过"数智兰考"的建设，构建兰考发展的新引擎与新动能，实现以数促城、以城融数，率先将兰考县打造成为我国首个"数据要素生产资料化红色试点"，利用人民触手可及的数据要素服务社会、服务人民并"还数于民"。通过打造数据网、算力网、要素网、指挥网和决策网来完成"县域'三起来'数治标杆"建设，整体开辟"兰考模式"新样板。

项目整体规划包括"五张网""三中枢""三应用"和"一数馆"。"五张网"包括数据网、算力网、要素网、指挥网和决策网（见图6-1）。

"三中枢"旨在建设整体集约化城市中枢体系。着眼城市级顶层设计、深度谋篇布局，统筹市、县区、委办局等任务措施，基于城市统一的数据底座，采用整体化、集约化建设理念，建设智存中枢、智算中枢、智应用中枢，实现政务服务效能提高、社会治理创新，推动数据资源共享开放，赋能产业转型升级。

（1）智存中枢的核心是构建绿色低碳的数据备份存储中心，努力降低大数据存储成本，实现安全可靠、绿色低碳的数据备份存储。主要包括绿色存储、"一朵云""一张网"和"一安全"四部分。

绿色存储是依托中原数据湖已有的蓝光存储集群，建设兰考县冷热数据交互中心和综合档案存储中心，实现温冷数据长期存储和超级智能存储，实现冷热数据交互的数据备份存储中枢。其中，冷热数据交互中心按照冷热数据分级、分类存储的理念，建设蓝光存储集群，开展冷热数据交互服务，为总体规划："五张网""三中枢""三应用""一数馆"

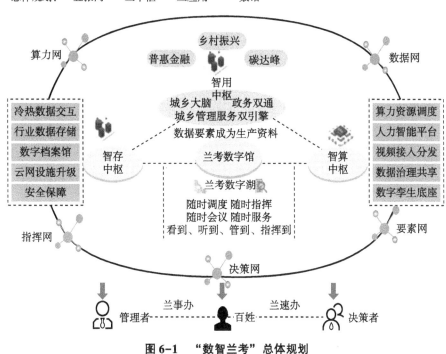

图6-1 "数智兰考"总体规划

兰考县现有业务系统、政务云平台提供本地数据备份存储服务、灾备数据恢复业务等。数据档案馆面向兰考县各级档案馆、政府部门、企事业单位、博物馆、红色纪念馆等单位，提供电子档案管理系统、实体档案托管、档案数字化扫描、档案查询利用服务四大类业务。依托蓝光存储长期、稳定、防篡改的优势，将历史档案数据、文物考古数据、旅游文创数据、社会变迁数据等长期存储，打造城市记忆长廊。

"一朵云"是指通过集约化建设，统一、高效运营，构建高可靠、高安全、可持续创新的云底座和云服务，打造主动式、多层次创新服务场景，全面赋能各行业应用领域，推动城市整体数字化转型。其中，电子政务子云是基于兰考县统一电子政务云基础设施，坚持规划引导、集约建设、满足需求、适度超前的原则，整合和扩容现有政务云平台，完善政务云运营支撑服务与安全防护体系。信创子云是以国产化的 CPU、操作系统为底座，构建自主可控的云平台，统筹利用计算、存储、网络、安全、应用支撑、信息资源等软硬件资源，发挥云计算虚拟化、高可靠性、高通用性、高可扩展性及快速、弹性、按需自助服务等特征，提供可信的计算、网络和存储能力。行业子云是为兰考县城市管理、农业农村、绿色能源、普惠金融等领域构建专用、私有云环境，为相关行业的智慧化应用建设提供安全可靠的IT基础设施。

"一张网"是指建设"一网多平面，专网级体验"的城市一张网，统一承载政务、物联、专线连接等业务，构建省市县乡村五级联动、对接全国各地的数据网络，实现数据资源集中调度、治理策略统一部署、运维故障统一排查、安全威胁全局感知，全面实现城市数据资源的池化和服务化。其中，互联网方面，通过建设"身份证＋社保卡"上网信令，为兰考县市民提供身份统一认证服务。政务网方面，旨在优化政务网的网络性能与服务质量，为政府机关、事业单位等公务人员提供指纹、人脸、密码等统一身份认证服务。物联网方面是要建设城市级物联网体系，通过云化大数据、物联网云平台全面感知城市信息；接入农田监测、生态环境、智慧电表等相关设备，构建"物云融合"的城市神经网络。专线网用于机关非涉密公文、信息的传递和业务流转，如教育专网、视频专网等，以便实现公共服务与内部业务流转。

"一安全"方面，通过完善网络安全、应用系统安全、终端安全、技术防御和安全运维等安全体系，构筑可信、可控的城市全域等保 2.0（三级）安全体系，提升信息安全管理、防御和运维能力。

（2）智算中枢是要构建城市算力中心，包括人工智能、数据枢纽、视频资源"一张网"和"300+算法"等方面。人工智能可以实现人工智能算法全生命周期管理，通过图谱分析、文本分析、语音识别等人工智能技术，基于数字孪生和物联网平台，支撑兰考县"城市大脑"、普惠金融、乡村振兴、绿色能源等领域应用支撑。数据枢纽实现兰考县政务数据以及重点行业数据、企业数据、社会数据等全域全量数据汇聚、整合、清洗、加工、共享和开放的全生命周期管理，构建兰考县城市级数据资源体系。视频资源"一张网"

是建设视频管理平台，实现视频统一接入和分发，建成全县视频资源"一张网"，实现视频数据的全生命周期管理，满足全县公共安全、城市管理、乡村振兴等各领域的视频资源应用需求。"300+算法"可以部署 10 类、300 多种算法，支持场景定制化算法开发，实现"全域视频共享共算"，促进视频资源融合管理应用。

（3）智用中枢核心是用于构建智慧应用支撑中枢，包括"城市大脑"、一网统管、一网通办和兰考体征四个方面（见图 6-2 至图 6-4）。

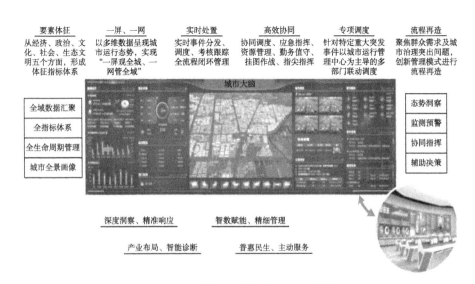

图 6-2　"数智兰考"城市大脑框架图

在"三应用"方面，聚焦乡村振兴、普惠金融和能源革命。

普惠金融是通过构建城市智数金融服务平台，打通各类数据，为金融机构提供大数据风控服务，解决信息不对称的问题，拓宽普惠金融包容性，满足信用评估需求、工具产品触手可及需求、政策普及需求，为中小微企业及个人用户提供适合其信用及发展状态的金融产品，帮助解决融资难题，暖企惠民助发展。

能源革命包括四方面内容。（1）碳汇交易示范，将碳汇资源以及农业绿电等资源实现就地消纳，给农户农村更多的实惠收益；将全县丰富的农林业

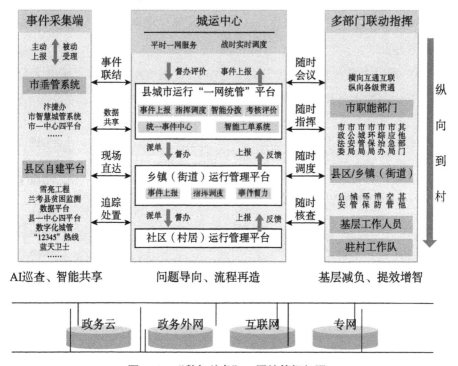

图6-3 "数智兰考"一网统管框架图

碳汇储备资源以碳汇交易或生态产品价值变现的形式售卖给更多来兰考县投资，并对减碳降碳有积极诉求的产业企业。（2）企业领域低碳转型，通过企业碳数据盘查，建立企业碳数据账户；通过数据分析、标准制定，实现企业碳排放分级，与金融机构对接；建设工业领域低碳转型专题模块。（3）能源结构转型，重点摸清全区范围低碳可再生资源的开发潜力；完成可再生资源的开发规模测算；建立覆盖全县的新能源项目全寿命周期业务管理系统。（4）全民碳普惠，结合兰事办建立电力消费账户，基于绿色出行、绿色消费等低碳方式建立低碳生活场景；与碳普惠平台实现互联互通，探索使用积分兑换商业优惠券或服务等激励策略。

对于"一数馆"——兰考数字馆，目标是建成集城乡运行管理、动态监全面推行"一件事一次办"，梳理乡村20个一件事一次办事项清单，新增"新生儿一件事"试点，梳理乡镇（街道）、村级（社区）不见面审批事项

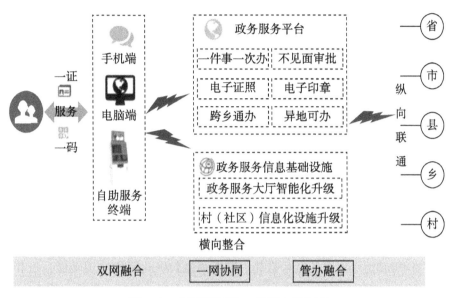

图6-4　"数智兰考"一网通办框架图

控、联动协调、辅助决策、信息发布为一体的实体指挥大厅。

为积极响应《数字中国建设整体布局规划》，兰考主要开展以下几方面实践。数字基础设施方面，增强兰考云、网、存、安全基础设施能力，补充兰考智算能力；数据资源体系方面，健全数据统筹管理机构，构建兰考县域全量数据资源库，推动数据要素生产资料化红色试点落地；数字经济方面，重点开展乡村振兴、普惠金融、能源革命等项目升级，加快数字技术创新应用；数字政务方面，构建城市大脑、一网统管、一网通办、兰考体征，提升政务数字管理服务水平；数字文化方面，围绕焦裕禄精神，打造"兰考红"，实现兰考文化数字传承；数字社会方面，构建乡域治理新模式，县乡村三级社会治理模式，拓展数字乡村建设；数字生态文明方面，打造乡村一张图、自然资源一张图，实现数字技术与自然相融合；加强组织领导方面，书记牵头，将数字化发展放在本地区工作重要位置；健全体制机制方面，研究解决数字化发展重大问题，抓好重大任务、工程落实；保障资金投入方面，强化多元

资金途径建设；强化人才支持方面，加强政企联合共培。

其目标为，以组建后的智数兰考公司为运营主体，充分发挥"省市县一体，绿色发展先，建设复运营，兰考新篇章"的整体原则，以"数据要素生产资料化红色试点"＋"县域'三起来'数治标杆"建设为核心目标，整合兰考优质企业与项目资源，实现数据招商引资。

第四节 零碳数据湖的易华录实践探索

一、零碳数据中心背景现状

以数字基础设施为代表的数字经济在实现"双碳"战略中意义重大。我国绿色低碳转型亟须摆脱路径依赖，需要通过数字化手段实现转型升级和跨越发展。具体体现在：

能源结构调整和产业结构转型任务艰巨，能源是"双碳"工作的主战场。实现"双碳"目标，一方面需要在能源供给端推动可再生能源发展，另一方面在能源消费端推进电气化，涉及能源电力系统以及整个产业链和供应链调整。

与此同时，数据基础设施也存在高能耗问题，在服务其他行业低碳化、数字化、智能化转型过程中，如何降低数据基础设施自身碳排放，推动数字经济相关产业实现"双碳"，也是绿色低碳转型过程中需要解决的问题。

在新发展阶段，实现"双碳"目标，离不开数字化、网络化、智能化、低碳化、协同化的数据基础设施支持。随着大数据、云计算等技术的飞速发展，数据中心已成为全球范围内最大的能源消费用户。作为能源使用侧六大行业之一的数字信息产业，其碳排放量不容小觑。据波士顿咨询公司和联合国契约组织共同撰写的研究报告，截至 2020 年，数字信息行业的碳排放总量约 0.26 亿吨，虽然仅占全球碳排放总量的 0.3%，但自 2010 年以来 IDC（Internet Data Center）、ICT（Information and Communication Technology）类企业迅速崛起，其发展速度远超传统行业。据报道，1987—2017 年全球网络数据流量呈指数型增长，从 2 TB（terabyte，10^{12} byte）增长到 1.1 ZB（exabyte，10^{18} byte）。值得注意的是，在 ICT 行业生态系统中，数据中心占据 35% 以上的电力消耗。根据模型预测，按照现有数据中心的架构和组织方式，预计到 2030 年 ICT 行业的电力总消耗将占全球电力总消耗的 21%，由此产生的碳足迹将与航空工业的燃料排放量相当。

据 IDC 对全球"数据圈"的研究，中国在 2018 年产生 7.6 ZB 的数据，预计到 2025 年会扩张到 48.6 ZB，届时将问鼎全球第一数据大国。因此，IDC 和 ICT 类行业十分有必要率先实现碳中和，从源头避免国家产业发展向数字化转型过程中的超量碳排放代价。

随着世界不断向数据时代迈进，信息传输方式更多依托于网络基础设施，数据中心将成为数据时代的"智能大脑"，为数据计算和存储提供容量和场所，成为一种重要的资产和战略资源。兴建和维护数据中心成本高昂，需要复杂的冷却和网络系统。了解数据中心的能耗结构（见图 6-5 和图 6-6），有助于分析各能耗模块的降耗节能空间，积极部署数据中心整体的碳减排路径。

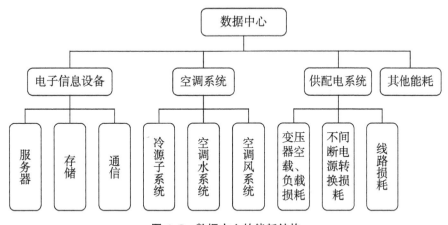

图 6-5　数据中心的能耗结构

数据中心可划分为三个等级：A 级"容错型"、B 级"冗余型"和 C 级"基本型"。不管为何规模、等级的数据中心，制冷措施及对应基础设施皆为主要能耗来源，包括水冷机组、机械制冷空调、自然空气冷却、间接空气冷

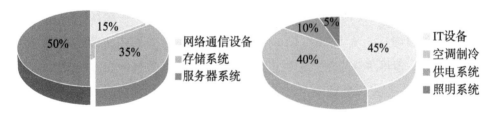

图6-6 数据中心总能耗及IT设备能耗占比

（数据来源：智研咨询《2020—2026年中国数据中心IT基础设施第三方服务行业市场竞争状况及投资风险预测报告》）

却、绝热冷却等。目前，PUE值（Power usage efficiency，能源使用效率）仍然是衡量数据中心能耗高低的重要指标，其定义如下：

$$PUE = \frac{Energy_{DC}}{Energy_{IT}} \tag{6-1}$$

其中，$Energy_{DC}$指IT设备的能量消耗，包括服务器、网络设备、存储单元和外围设备，及用于存储、计算、传输数据的设备能耗；而$Energy_{IT}$指数据中心的总能耗，包括$Energy_{DC}$和基础设施（包括供电系统、照明系统、空调和制冷系统）的能耗。因此，数据中心的PUE值越低，其电源使用效率越高，即理想的PUE为1.0，意味着所有能耗都用于IT设备。近年来，一些互联网企业巨头，如谷歌和脸书通过提高效率和创新独立硬件设计大幅降低了PUE，谷歌跟踪报告了12个月运行的平均PUE值为1.12，其中单站点PUE为1.09—1.31；脸书为其两个最大的数据中心提供了具有实时PUE值的仪表盘，其均值分别为1.08和1.09。国内一些龙头企业，如华为、阿里巴巴等，已采用先进制冷技术等"组合拳"大幅提高数据中心的能源效率，然而我国数据中心的PUE值大部分分布在1.2—1.6（加权平均值为1.44），整体情况仍有待大幅提高。

根据测算，$Energy_{DC}$主要由IT设备能耗（$Energy_{IT}$，占50%）、空调和制冷设备（占37%，其中风冷系统、送回风系统分别占约25%和12%）、配电系统（占10%）和辅助照明系统（10%）构成。由此可知，降低制冷能耗显然有助于数据中心设施实现更低的PUE目标。此外，业务负载、气候条件

（影响天然制冷效果），基础设施的系统构架、能效以及运维人员的管理水平等皆可影响数据中心的整体能耗。因此，采取单一减排降耗策略的效果将是有限的，要想实现数据中心的碳中和甚至"零碳"，从多方面采取"组合拳"措施是十分必要的。

在《企事业单位碳中和实施指南》（DB11/T 1861—2021）等国家文件的号召下，及在中国证监会《上市公司投资者关系管理指引（征求意见稿）》等文件的督促下，国内各大互联网科技企业及集团也逐渐意识到碳排放是一把时刻悬在头顶的达摩克利斯之剑。2019—2021 年，上海、深圳、广东、山东和北京先后出台文件，明确新建互联网数据中心的 PUE 值不得超过 1.3，且对未来五年内数据中心的上架率、能源消费量等做出限制。国内各龙头企业纷纷行动，综合多种方法、技术减少自身能耗和碳排放量，增加对外界的信息披露。其策略可总结为如下几方面。

一是使用新技术降低 PUE 值，降低数据中心能耗，具体又可分为优化存储技术和优化机架架构从而降低能耗两个方面。

（1）存储技术优化。目前存储介质主要分为 HDD（Hard Disk Drive，机械硬盘）、SDD（Solid Disk Drive，固态硬盘）、NVM（NonVolatile Memory，非易失存储器，具体又分为 NVM-NAND 和其他 NVM）、光（Optical，如蓝光存储技术）和磁带存储（Tape）；要想研发新型绿色存储技术，则必须依赖已有存储介质进行改进。据 Seagage 和 IDC 调研报道，2025 年所有介质类型的存储容量须超过 22ZB 才能满足未来存储需求，其中约 59% 的容量需求将由 HDD 介质分担，26% 的容量可能来自闪存技术。面对如此巨大的存储需求，实现单个存储单元的节能降耗尤为重要。

此外，数据可分为热数据和冷数据，前者指需要被计算节点频繁访问的在线类数据，而后者指离线类且访问频次低的数据（如档案资料、监控影像、医疗影像、卫星遥感、地质勘探数据等）。根据数据类型的不同，应采用不同的存储介质，如光存储技术尤其适合大量冷数据的长期安全存储。由于光盘库工作功耗远低于硬盘，光盘寿命长且不需要空调冷却系统，脸书自 2019 年起采用基于蓝光的新型存储技术，使整体成本和耗电量分别减少 50% 和 80%

以上。

（2）机架架构优化。主要指机柜、服务器、对应网络设施及其他配套配电、配线设施。数据中心的空间容量决定了机架的数量，而数据存储和计算的需求决定了机架的上架率和整个数据中心的业务负载，并影响电力消耗。由于机架的设计、型号基本是固定的，因此优化机架架构是目前各大 IDC 企业降低机架模块耗电量的主要渠道。

如百度使用基于 ARM64 位架构的低功耗服务器技术，使得同性能需求配置下单节点功耗可节省 40W，从而使得 TCO（Total Cost of Ownership，总体拥有成本）收益提升 35%。应用 100 台服务器，服务器年节电约 3.7 万千瓦时。同时，百度还开发了基于 GPU 加速的异构计算技术，对比传统 GPU 服务器，功耗可降低 7% 以上，TCO 优化 5% 以上；应用 43 个机柜，年节电约 35.9 万千瓦时。

二是采用新型制冷方法，减少制冷能耗。各 ICT 龙头企业通过与科研机构、能源机构深化合作，研发出多种新型低耗、绿色制冷方法，下面将阐述近年采用较多的几种新技术。

（1）浸没式液冷技术。浸没式液冷是相对于风冷、水冷等传统冷却手段的另外一种散热技术，即通过直接将 IT 硬件浸没在绝缘的特殊液体中，使电子元件产生的热量直接高效地传递到液体中，从而减少了对导热界面材料、散热器和风扇等主动冷却组件的需求，在提高能源效率的同时，也实现了更高的封装密度，是目前解决高性能处理器散热成本高的最先进方案之一。

（2）自然冷源冷却技术。通过数据中心选址的天然优势，利用附近自然冷源（如冷风、冷湖）辅助制冷，降低能耗。泛北极高纬度地区由于具有类似的天然优势而成为近年来数据中心选址的热点，部分学者还通过模型模拟发现当纬度高于 60°时，数据中心的 PUE 值会自 1.25 加速下降，证实未来在泛北极地区建立数据中心能有效缓解气候变化问题。

我国北部气候寒冷，可成为未来理想选址；南方水系发达，也可作为天然冷源。如阿里巴巴的河源数据中心采用万绿湖深层湖水制冷，搭载自研的智能运维系统，可智能感知环境变化，适时调整设备功率，让其运行在最佳能耗水平上。

（3）间接蒸发冷却技术。指利用非直接接触的换热器将蒸发冷却后的湿空气输送给待处理的空气进行降温，具体可分为风侧、水侧和氟侧蒸发冷却技术。据测算，间接蒸发冷却空调机组较传统机组可节约电能20%以上。

（4）AHU（Air Handle Unit，组合式空调箱）冷却。指通过抽取室内空气和部分新风以控制出风温度和风量来维持室内温度。目前，热门的技术为AHU风墙（AHU wind wall），通过矩阵式风墙送风、充分利用室外低温低湿空气降温，实现低PUE值。此外，AHU风墙还可结合群控技术实现冗余配置之外更智能的群控管理，实现数据中心制冷系统的集成联动控制。

（5）离心式水冷技术。具体可分为磁悬浮离心冷水机组、变频离心高温冷水机组等，目前在数据中心领域都已有应用案例。

三是设备能耗控制，数据中心配备的新型电力系统应通过与先进信息通信技术结合和大范围部署小微传感、智能终端与智能网关实现更高的数字化水平，提升区域电网的互联和感知能力。未来绿色数据中心，一方面应不断优化电源结构，将电源切换过程中的能耗控制在节能范围内；另一方面可利用网络中的休眠节能技术，结合信息通信网络设备，满足不同时段流量控制的实际要求。

四是使用可再生能源。可再生能源包括风力发电（简称风电，又可分为陆上风电和海上风电）、光伏发电（简称光电，主要为固定支架光伏发电）、水力发电（简称水电，又可细分为小水电、抽水蓄能产电）、生物质能等。其中，固定支架光伏发电（29—59美元/兆瓦时）和陆上风电（41—62美元/兆瓦时）由于其较低廉的平准化发电成本，成为当今绿电市场的供应主力。绿电采购主体目前可通过签署可再生能源PPA协议（corporate power purchase agreement，购电协议）、市场化采购绿电、购买绿色电力证书（简称绿证）三种主要方式购买可再生能源。PPA因受政策影响，国内电力行业暂无动力锁定长期电力价格，在国内并不受购买主体的青睐。

此外，企业还可通过自建或投资的方式参与分散式风电、光伏电站的建立来扩大可再生能源使用率。可以异地建站、就近建站或园区内自建，其所发绿电可自发自用、余电上网，或全部自用，组合方式十分灵活、多样（见图6-7左侧）。分布式绿电电站可进一步与数据中心、储能单元耦合，形成"源-网-储-荷"的高度互动能源网络，并逐渐成为一种可行范式（见图6-7右侧）。如位于山西昌梁的"天河二号"云计算中心采用100%可再生能源供电的能源网络，其主要构筑物包括一个5MW/20MWh的储能系统、一个5MW的光伏发电站和一个50kW的风力发电站。

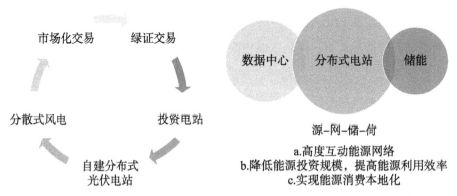

图6-7　数据中心类企业通过利用可再生能源节能减排的方式及未来可行范式

目前，我国在可再生能源使用方面与国际仍有较大差距。据绿色和平组织发布的《迈向碳中和：中国互联网科技行业实现100%可再生能源路线图》报告，全球41家科技企业中已有19%实现100%可再生能源，剩余企业中有34%设定了2025年前实现100%可再生能源的目标。国内仅有秦淮数据集团一家公司提出了100%可再生能源目标。在可再生能源替代利用方面，国内互联网及数据中心科技企业仍任重道远。

五是使用热电联产、余热回收等设施，提高热能、电能的回收率。热电联产技术通过利用热机或发电站同时产生电力和有用的热量，使得数据中心整体能耗下降。此外，新风节能系统以热学原理结合温度、湿度传感器进行智能控制，通过了解机房内外温差，利用风道将机房热量传至外部，并根据不同环境对温、湿系统进行调节，达到减少碳排放的目的。目前，我国数据中心使用余热回收设施数量少，改进空间大。

数据中心选址受多重因素影响，并非所有数据中心都可利用天然气候优势，或附近具有丰富的风能、水能、光能等，而且数据存储类型和介质也各不相同。因此，综合使用多种手段协同控制碳排放、实现碳中和显得十分必要。

二、实现零碳数据湖的技术可行性

实现零碳数据湖也面临多重挑战，体现在低碳减排措施具有一定成本，需重点考虑经济可行性；目前缺乏高效负碳技术，难以实现严格意义的零碳排放。

根据《企事业碳中和实施指南（2021）》，本报告综合制定了易华录数据湖的碳中和发展路径（见图6-8），包括准备、实施、评价和声明四个阶段，分别旨在建立合理的碳中和目标及内部的碳管理机制、确定减排方案，实施具体措施并对减排效果予以核算。对于最关键的第二阶段，采取低能耗的蓝光存储技术、通过多种组合方式进行可再生能源替换，辅以优化配电结构、减少输配电损耗和结合AI技术实现温度、光照等参数的实时智能调控，是实现数据湖碳中和目标的重要举措。

1. 低能耗存储技术：蓝光存储

易华录新一代节能高效蓝光及光磁电一体化智能存储应用系统具备国内领先水平，利用蓝光存储的低能耗特性，以及更强的温度环境适应性，能够大幅降低数据存储的总耗电量，同时还能够降低数据中心PUE，可达到节电、节水、减排的良好绿色节能效果。

建设蓝光数据存储中心，核算减排效果，需要建立蓝光数据湖碳减排方法学。根据蓝光数据湖碳减排方法学，以及中国信通院泰尔实验室《蓝光光盘库系统与磁存储系统测试报告》测试数据，分析蓝光数据存储中心的节能效果。

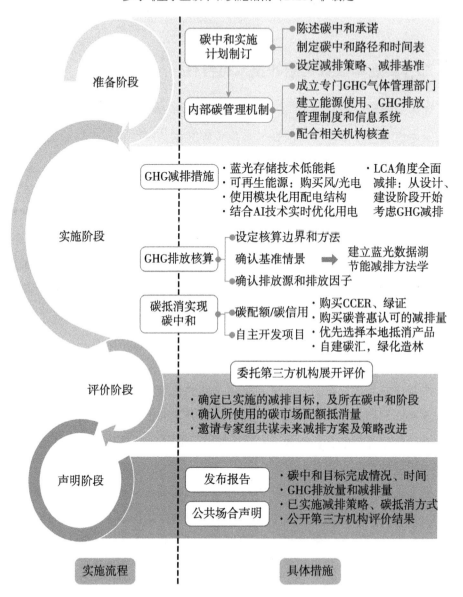

易华录碳中和路径图及实施技术路线
参考《企事业碳中和实施指南（2021）》制定

图 6-8　易华录零碳数据湖实施流程及技术路线图

① GHG：Green House Gases，温室气体　③ LCA：Life Cycle Assessment，生命周期评估
② AI：Artificial Intelligence，人工智能　④CCER：核证自愿减排量
⑤ 自主开发项目：包括自建分布式光伏、风光发电站等核算边界外项目；非本报告
　关注重点。

此外，由于蓝光光盘可在常温常湿的条件下存储50年以上，无须额外的通风冷却系统维护机房环境，从而降低数据中心IT系统所需制冷量，可显著降低IDC需配备的冷却系统等设施的设备数量及用电量，从而降低IDC的PUE，也可进一步节省水资源。经测算，与全热磁存储方案相比，智能分级存储光磁配比8∶2条件下，年节水量可达2.47万吨，节水比例为80%，WUE值（Water Usage Efficiency）可由1.427降至1.179。

2. 能源替换：使用清洁能源

使用清洁能源优势巨大，一方面可以使得企业整体电力消耗产生的碳排放大幅下降；另一方面提高可再生能源使用率，可以控制电力成本、应对未来电价波动。同时，可帮助企业抵御各项政策风险，促进落实、履行国家发展改革委、能源局近两年颁布的可再生能源电力消纳责任，提高企业声誉，带来正面效益。清洁能源融入数据湖的电力系统有交易、投资和自建三个途径（见图6-9）。

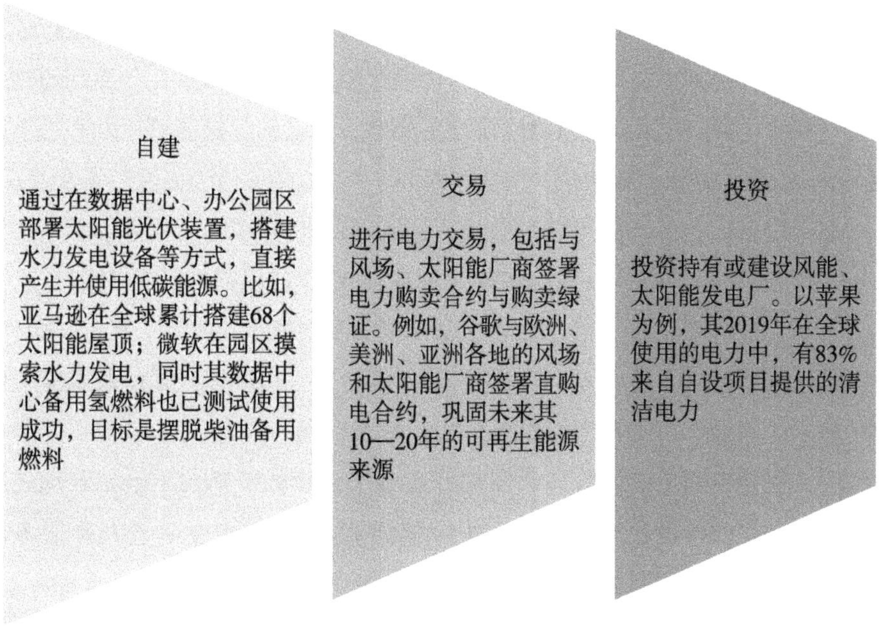

自建

通过在数据中心、办公园区部署太阳能光伏装置，搭建水力发电设备等方式，直接产生并使用低碳能源。比如，亚马逊在全球累计搭建68个太阳能屋顶，微软在园区摸索水力发电，同时其数据中心备用氢燃料也已测试使用成功，目标是摆脱柴油备用燃料

交易

进行电力交易，包括与风场、太阳能厂商签署电力购卖合约与购卖绿证。例如，谷歌与欧洲、美洲、亚洲各地的风场和太阳能厂商签署直购电合约，巩固未来其10—20年的可再生能源来源

投资

投资持有或建设风能、太阳能发电厂。以苹果为例，其2019年在全球使用的电力中，有83%来自自设项目提供的清洁电力

图6-9 绿色清洁能源融入数据湖电力系统的三种方式

价格是衡量一切新生事物的风向标，绿色低碳技术若没有价格优势的加持，即便取得巨大突破也难有可观潜在收益和广阔市场空间。在电力行业，与可再生能源发电成本相比，当前较为成熟的火电具有明显优势，但从长远来看，我国丰富的风能、太阳能资源可使电力行业的边际减排成本降为零，使得可再生能源系统的竞争力大幅提升。因此，通过市场化采购可再生能源、直接购买绿电（风电、光电、水电）仍是截至目前最为推荐的可再生能源采购方式。

3. 配电结构优化：模块化数字能源

如前文所述，不间断电源 UPS（包括整流器、静态旁路开关和连接的控制电路）已成为越来越多 IDC 企业保障用电稳定性和安全的必备技术。为了满足不断电，在低负荷工况下，大量 UPS 电源以低负荷运转，导致不必要的能耗。针对这些弱点，模块化 UPS 技术设置"智能休眠"功能，可根据实际带载量调整、优化系统内部各模块部件的运行状态，使 UPS 实际工作效率达到最佳。此外，模块化 UPS 系统阵列中的所有功率模块平均负担系统负载，各并联模块皆为内置冗余的智能型独立存在个体，无须通过系统控制器对并联系列进行集中控制，即任何模块发生故障后，冗余结构设计便会充分发挥效用，实现超过一次容错率的冗余，从而全面保障网络设备能够正常运转，提高可用性和可维护性。与传统技术相比，模块化 UPS 安装简单、扩容方便、节约投资，益处良多。

基于以上优点，模块化 UPS 技术入选了《2020 国家绿色数据中心先进实用技术产品目录名单》。目前国内使用模块化 UPS 技术最广泛的 IDC 企业是华为，其通过模块化 UPS 技术使全生命周期节省耗电量 500 万千瓦时（条件：10MW 数据中心，负载率 40%，温控 COP 为 3）。其他企业也有采用模块化 UPS 技术，实现了不同程度的能耗削减。中国联通对新投产机房楼采用模块化 UPS，在低负荷工况下提升单台 UPS 负载率，能耗下降约 10%；浪潮集团采用类似的高效模块化 UPS 技术，配合智能微模块数据中心、整机柜服务器技术以及智能节能控制技术等协同提升节能率。

4. AI 优化减排

互联网与高科技企业用电需求主要来自数据中心与建筑楼宇。企业可利用硬件、软件技术优势，如高效系统集成、高效制冷、高效水处理等硬件技术和人工智能算法，进行照明、温度调节，降低自身业务发展与日常运营的能源需求。如谷歌通过开发和使用高能效制冷系统，结合智能温控技术，大幅降低数据中心所需能耗，提高用能效率。

对业务遍及多个地区和领域的公司来说，借助能源管理系统（技术节能和管理节能）数字化工具可大大提高评估和跟踪碳排放活动的准确度和灵活性，甚至实现全供应链、全生命周期的绿色节能。如华为 2019 年通过引入"智慧园区能耗解决方案"，开启园区管理的数字化转型，将该方案陆续推广至各地园区，全年实现节能超过 15%。

三、实现零碳数据湖的经济可行性

本部分分三部分依次递进：一是计算数据湖的总耗电量，主要关注蓝光存储和传统磁存储的能耗差别，及应用不同新型节能技术场景下可带来的降耗效果；二是计算碳排放量，主要根据电网碳排放因子和所得耗电量进行计算，并详细对比了引入绿电的不同方案所带来的减排效果；三是计算各绿色措施的经济可行性，为实际落地提供参考，计算所用数据依托于大连数据湖（600PB 存储能力）的参数信息。

1. 数据湖总能耗：蓝光存储与传统磁存储对比

数据中心的 IT 设备包括存储、服务器和通信设备三个主要部分。其中，存储方式又分为传统磁存储、硬盘存储、存盘存储（如蓝光存储）。易华录数据湖正是依托蓝光存储技术的优越性能实现对传统数据中心的超越。因此，首先以华录集团推出的 DA-BH7010 型机柜的参数为基础，根据机柜设备占地面积或单机柜存储容量两种思路，来计算数据中心的总能耗，从而直观地量化比较蓝光存储与磁存储的各自特点（见图 6-10）。

2. 计算不同场景下的碳排放量

核算外购电力产生的碳排放，可按照如下公式计算。

$$E_m = E \times EF_{grid} \tag{6-2}$$

其中，E_m 为数字基础设施的碳排放量，E 为电力消费量，EF_{grid} 为电网温室气体平均排放因子（本报告中仅考虑二氧化碳）。设置基准场景、引入

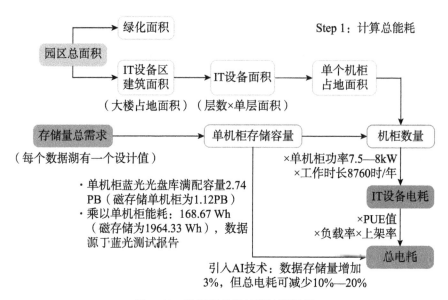

图 6-10　数据湖总能耗的计算框架

AI 技术、引入 UPS 模块化电源和引入绿电四种场景。

3. 评估各场景的经济可行性

针对每种减碳场景，由于涉及的技术繁多，整体计算较为复杂，通过分别计算其改建或引入相关新型技术带来的成本（如购买绿电、市电的电费支出和光伏搭建产生的固定建设投资及后续的度电发电成本等，计算框架如图 6-11 所示）和在该场景中采取相关措施后的收益（如 CCER 核证后交易碳排放量、自建光伏额外发电量的售电收益等）来综合评估该场景是否具有经济可行性。

为方便比较，本书选定三个极端的场景作为基准场景，分别是：①建立一个 13.66 MW 的大型光伏站（占地 33 公顷，建在数据湖园区外），可 100%覆盖整个园区所需电力；②100%采购当地电网上的市电；③100%购买绿电，且满足电力供应结构的多样性，假设风电、光电的购买比例为 1∶1。

三种基准场景的净总成本变化趋势如图 6-12 所示。受绿电平价上网政策的影响，基准场景②和基准场景③的差异不大。100%自建光伏情景（基准场

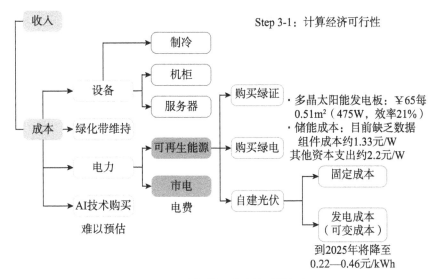

Step 3-1：计算经济可行性

图 6-11　各场景总成本的计算框架

景①）首年的净总成本为 100% 市电场景的 6.6 倍，由于自发电力十分低廉，其净总成本在 13 年内即可与其他基准场景持平，并在后续实现利润反超。

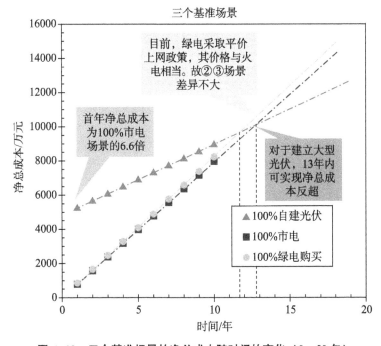

图 6-12　三个基准场景的净总成本随时间的变化（0—20 年）

各种场景的总成本如图 6-13 所示，若园区内所建的光伏电站恰好实现自产自用（所建规模恰好与需自发光电的消纳比例相匹配，没有额外电力可并网出售）。

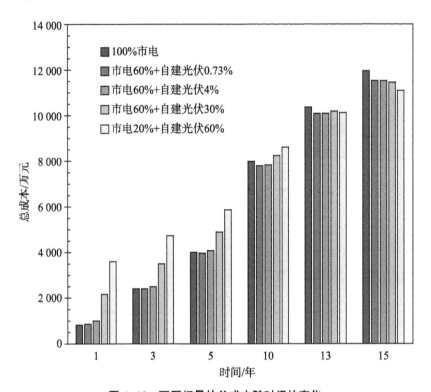

图 6-13　不同场景的总成本随时间的变化

①在园区面积可承受的范围内，如部分绿化区改为光伏板、建设屋顶光伏等，建设小规模自建光伏（如 0.10MW、0.55MW），在任何情况下，在短期、长期内都可实现正效益。

受园区面积限制，此种情况下自建光伏仅可提供≤4%的绿色电力；

提高可再生能源使用比例需依赖对绿电的直接购买。此部分受国家绿电购买政策、所在区域内的绿电价格影响较大。

②若建设大规模自建光伏。前期固定成本十分高昂。与100%市电基准情况相比，总成本超出4300万元；占数据湖项目总建设成本的41%。需额外考

虑的事项有，在数据湖园区外购地、租地，以及办理合规流程使所发光电并网等，而且这些事项的不确定性较高。若无法实现并网售电（失去售电收益），则完全没有必要搭建大型光伏。

前十年内成本回收速度受给自建光伏分配的电力消纳比例影响。将以上所有计算场景根据其所建光伏电站的规模（横轴）、用光伏电站消纳的园区电力占比（纵轴）和100%市电基准场景相比，其第10年净总成本的增加百分比（气泡面积大小）绘制成气泡图（见图6-14，每个气泡代表一个场景）。气泡面积的大小表示各种场景下，该场景在第10年的总成本与100%市电场景的净总成本的增加百分比。例如，对于标注了"12.84%"的气泡，其含义可解读为：若建设13.66MW大型光伏站，且希望用其覆盖园区100%的电力，则到第10年，其净总成本是100%市电基准场景的112.8%。

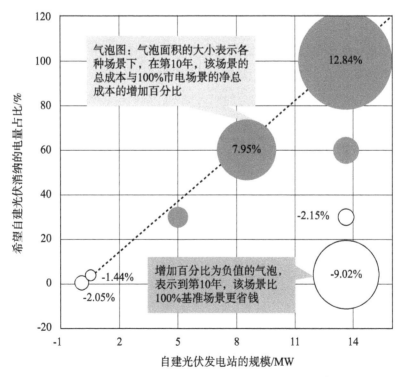

图6-14 各绿电引入场景的净总成本比较（虚线上的气泡，表示自建光伏电站的发电能力与实际消纳占比完全匹配的场景，即所发光电恰好用完）

据此，分析图 6-14 各气泡的大小和正负可得如下结论。

a. 若建设 0.10MW 光伏站（≈1/2 目前园区绿化面积，是可承受的建设规模），则从第 3 年至第 10 年均可实现总成本的下降，但降幅≤2.05%。

b. 若建设 13.66MW 光伏站，用其消纳≤40% 的园区电力时，则可在 10 年内实现净总成本的下降，且下降比例随消纳比例的下降而增大。例如，仅消纳 4% 的电力，而剩下 96% 的自发光电全部上网出售，可实现 9.02% 的成本削减。

c. 建设中等规模的光伏电站从短期到长期均表现平平。

对于自建光伏部分的经济可行性可概括如下：建设大规模自建光伏电站虽然长期收益可观，但在实际操作中，是否可并网、是否可获得预期收益，仍不确定。更多的还是考虑建设小型自建光伏。

对于 AI 技术和 UPS 模块化电源技术的经济可行性，由于较难获得两种技术的实际引入成本，因此本书采取通过计算不同回报期下引入此类技术后所产生的收益，继而反推不同情境下可接受的引入价格。图 6-15 显示了对于 AI 技术和 UPS 模块化电源技术可接受的引入成本。

若希望 10 年内可回收此部分的引入成本，则两类技术的引进价格在分别不超过 1015 万元、815 万元的情况下，可考虑引入。

由于碳市场交易价格有 15%/年的涨幅，且每年货币有一定的通胀率，则在 15 年回报期情况下，可接受的引入价格将大幅提升（总计 2020 万元）。

若不考虑碳排放量，对这两种技术可接受的引入成本均降低（因总收益降低）。由碳交易带来的收入在总收益中占比不高（<3%），故与可进行碳交易的情况相比，降幅仅≤2.5%。在此种情况下，若预计 10 年内回收成本，则引入两种技术可接受的总成本占大连数据湖建湖总成本的百分比至多为 6%。

四、总结建议

当下，为响应国家履行碳减排承诺的号召，助力我国实现"双碳"目标，推动数据中心节能和能效提升，引导数据中心走高效、低碳、集约、循环的绿色发展道路已经刻不容缓。对于绿色数据中心的评价体系也越来越多元化，

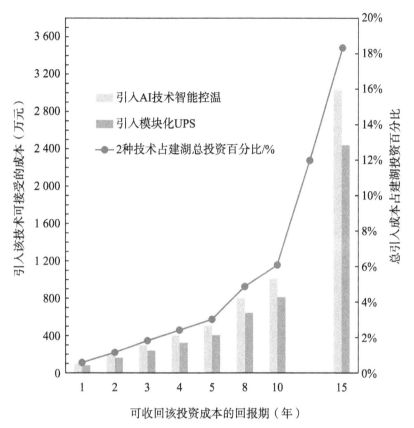

图 6-15　对于 AI 技术和 UPS 模块化电源技术可接受的引入成本

包括能源资源高效利用情况（如对 PUE 值、IT 设备负荷使用率和可再生能源使用比率的限制）、绿色设计及绿色采购、能源资源使用管理、设备绿色管理等。对数据湖碳中和发展路径的建议总结如下。

（1）与传统磁存储相比，蓝光存储技术在节能降耗方面优势显著。对于一个存储量为 600PB 的数据湖园区，在不引入任何其他降耗技术的情况下，基于蓝光存储机柜的年耗电量较磁存储可节约 40%，相当于每年可减少约 3532 吨二氧化碳。

（2）不建议企业依赖购买碳汇的方式进行碳抵消。如通过将园区绿化带内的草坪改建为林地的做法可获得的碳吸收收益十分有限，且改建、维护成本难以评估。在短、中期碳中和发展路径中，不推荐将增加碳汇等碳抵消方式纳入使用。

（3）积极引入绿色电力是一种必然，主要引入方式包括购买绿证、直接购买光电或风电、自建分布式或集中式光伏电站（若规模较小，则为"分布式"）。其中，后两者为短期内可实现的可靠引入方式。

（4）AI 技术可通过实时监控、调控园区内的温、湿、光参数，并实现制冷、照明灯技术的不断实时优化组合，进而达到节能的目的。而 UPS 模块化电源技术可直接通过优化输配电结构，整体提高园区负载率，实现 10% 左右的降耗。本报告通过倒推机制，推算出希冀 10 年内回收引入成本，则两种技术的价格在分别不超过 1015 万元和 815 万元的情况下，可考虑引入；若希冀 15 年内回收引入成本，则可接受的总引入价格上限进一步升至约 2020 万元。

（5）华录集团应进一步提升数据湖能源信息、温室气体排放与用能信息的对外披露（如数据中心用电量、用电结构、年均 PUE 值、集团对于碳中和的治理理念等），从而有利于提高华录集团的声誉，并从中获得正的外部性效益。此外，对于尚未建成的数据湖项目，应在可接受的范围内，尽可能地从全生命周期的角度考虑绿色设计（含选址）、绿色建设和绿色运营，从而真正实现"绿色数据中心"的目标。

第五节　北斗高精度定位技术在自然资源
调查领域的应用探索①

自然资源调查领域是国民经济的基础性行业，北斗高精度定位技术在自然资源调查领域有着广泛的应用，易华录的北斗高精度测绘应用服务平台依托覆盖全国重点区域的北斗基站网络，提供米级、亚米级、厘米级及准实时毫米级的广域高精度位置服务，打造"湖云一体"北斗时空信息服务数据中

① 感谢北京易华录信息技术股份有限公司杨宇波、赵阳、刘如意等贡献本部分实践案例。

心，汇聚北斗定位数据、北斗增强数据、地理实体数据、高精地图数据、行业专题数据和终端数据等海量时空信息，并在应急测绘和海洋测绘等创新场景实际应用。不仅提高了自然资源调查的效率和精度，还可以促进自然资源的合理利用和保护，为国家经济社会发展和生态文明建设服务。

一、背景与意义

自然资源调查是一门应用科学，它利用现代测量技术和地理信息系统，对自然资源的分布、数量、质量、动态变化等进行调查、分析和评价，为自然资源的合理开发利用和保护提供科学依据。自然资源调查是国民经济的基础性行业，它涉及土地、矿产、水利、林业、农业、环境等多个领域，为国家的经济建设和社会发展服务。

自然资源调查是一门不断发展的学科，它随着社会需求和科技进步而不断创新。近年来，自然资源测绘在多个方面取得了巨大进步。测量技术方面，采用卫星导航定位系统（GPS）、遥感影像处理系统（RS）、无人机航拍系统（UAV）、激光雷达系统（LiDAR）等先进的测量手段，提高了测量的精度和效率；地理信息系统方面，采用地理信息系统（GIS）、三维可视化系统（3D）、虚拟现实系统（VR）、增强现实系统（AR）等先进的信息处理手段，提高了数据的管理和应用能力；互联网技术方面，采用互联网技术（Internet）、云计算技术（Cloud）、大数据技术（Big Data）、人工智能技术（AI）等先进的网络技术，提高了信息的共享和服务水平。

2016年，国家测绘地理信息局发布《测绘地理信息科技发展"十三五"规划》，提出全国GNSS基准站网的维持与服务，支持全球亚米级和重点区域厘米级定位服务、全球高精度地理信息综合服务等。

2021年，《中华人民共和国国民经济和社会发展第十四个五年规划和2035年远景目标纲要》分别从"发展壮大战略性新兴产业""加快培育完整内需体系"和"制造业核心竞争力提升"三个方面，规划了北斗产业、北斗应用在自然资源调查领域的发展。

2022年，国家发展改革委发布《"十四五"北斗导航产业发展规划》，支持在公安、应急等国家安全领域，实现北斗强制应用；在通信、金融、能源、交通、自然资源等关键重点行业，实现北斗标配应用；推动京津冀、长江经济带、粤港澳大湾区、长三角一体化、黄河流域、海南自贸港等重大战略区域规模应用。

2023 年，自然资源部发布《自然资源部关于加快测绘地理信息事业转型升级　更好支撑高质量发展的意见》，明确提出要"夯实时空信息定位基础""构建基于北斗的全国卫星导航定位基准站'一张网'""探索测绘基准产品和服务新模式，构建实时动态的全国北斗高精度智能化服务平台，提升测绘基准公共服务能力和北斗产业化应用水平"。

自然资源调查是国家北斗卫星导航应用的重要领域之一，基础设施与数据信息自主可控，北斗在该行业的应用具有安全性好、应用水平高、覆盖面广等优势。建设北斗高精度测绘应用服务平台、推动高精度测绘主用北斗，将进一步提升测绘应用的安全性和可用性。同时，在应急测绘、海洋测绘保障等行业重要方向规模化推广北斗高精度应用，可有力推动北斗产业化进程。

北京易华录信息技术股份有限公司成立于 2001 年 4 月，是国务院国资委直接监管的中央企业中国华录集团旗下控股的上市公司，作为大数据产业领军企业，依托中国华录蓝光存储技术，投身区域数字经济基础设施、智慧城市建设。业务覆盖 31 个省（自治区、直辖市）的 300 多个城市，并在共建"一带一路"倡议的推动下拓展至亚、非、欧三大洲。

近年来，易华录积极落实国家北斗发展战略，发挥北斗赋能产业数字化转型的作用，以产业化应用为导向，强化基础设施共用共建及重点行业推广应用，在交通、能源、新基建和自然资源等领域开展北斗定位导航技术的研发、示范应用和产业化工作，为大规模布局全国高精度北斗运营服务工作奠定了坚实基础。

二、数据来源、分类和应用价值

易华录北斗高精度测绘应用服务平台面向时空相关应用场景，以城市数据湖为基础设施，构建卫星导航基准站网，汇聚卫星连续运行观测数据、定位数据、地图数据等时空框架数据，建设北斗高精度位置服务平台，提供米级、亚米级、厘米级及准实时毫米级的广域高精度位置服务，并融合时空基础框架数据、地理数据、行业专题数据和终端数据，推进北斗产业"天上好用，地下会用"，创新自然资源等行业应用（见图6-16）。

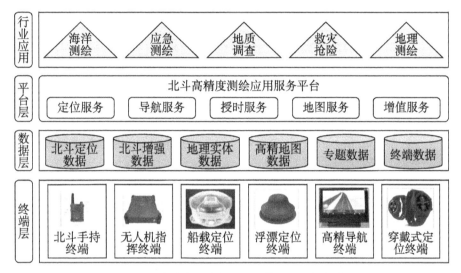

图6-16 北斗产业在自然资源等行业的创新应用

平台部署于新一代数字经济基础设施——数据湖，打造"湖云一体"北斗时空信息服务数据中心，中心按照国际机房标准ANSI/TIA 942 T4级建造，是国内设施等级较高、配套设施完备的专业级数据中心之一，目前已获得国家A级机房认证，中心建筑面积15000平方米，可容纳IT机柜1800架。数据中心基于蓝光存储及光磁电融合一体技术，对北斗定位数据、北斗增强数据、地理实体数据、高精地图数据、行业专题数据和终端数据等海量时空信息进行存储管理，并基于云环境进行高性能处理与计算，具有海量、绿色、安全、生态的特点。

数据中心目前已经汇聚了覆盖全国的近2000座北斗基站数据，3万多套、5类以上的应用场景自有北斗终端数据，境内外2万多公里亚米级高精度电子地图数据，以及超过10万的全国行业用户的时空信息数据。易华录北斗高精度测绘应用服务平台的各个子系统之间通过数据管理与分发、数据接入、数据管理、数据资源存储和数据共享等功能实现数据的流转和价值实现（见图6-17）。

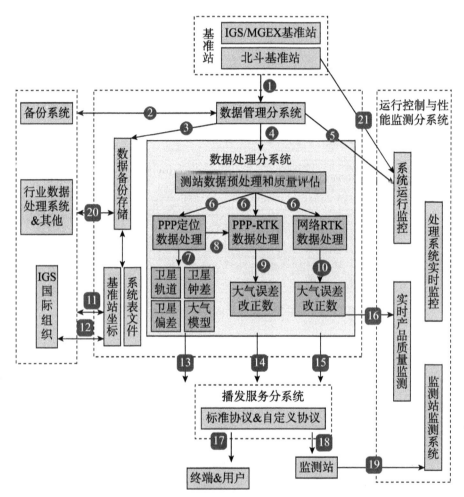

图6-17　易华录北斗高精度测绘应用服务平台各子系统间的关系

（一）数据管理与分发

获取北斗/GNSS基准站网信息、北斗/GNSS卫星导航系统监测评估信息，并实时传输至数据管理分系统（延迟小于5秒），数据可用率不低于99%，这些都是数据管理与分发功能可以实现的。此外，它还具备数据质量检查与分析、数据综合分析与评估，提供星基/地基增强数据处理及服务功能。

系统支持星座：支持北斗二号和三号系统、GPS、GLONASS 以及 Galileo 系统；数据格式支持 RTCM2. X、RTCM3. X、RINEX 等数据格式；当系统完好性、连续性、可用性不满足服务需求时，系统应及时地给用户接收机发出警报或者告警信息。

1. 实时数据接收管理

实现数据的接收、存储、管理和服务，并保证数据和产品的完整性和时效性。

数据接入：包括从跟踪站和其他外部系统接收数据、从数据处理分系统接收产品。

数据预处理：包括数据预处理、格式转换、质量分析、数据编目、数据整理和数据压缩等，并提供数据归档、元数据管理、查询检索、统计分析、数据导入导出、过期数据处理、数据备份和综合演示等功能。

数据服务：向所有用户提供文件服务（FTP 协议）、Web 门户（HTTP 协议），同时提供数据报告。针对特定用户提供实时数据流（NTRIP 协议）服务。具备用户权限管理功能。

数据同步：数据管理分系统之间保持数据一致，互为备份。

运行管理：支持系统监控、运行参数配置、日常信息管理、用户管理、日志管理等功能，并具有实时短信报警、邮件通知等功能。

2. 实时数据分发交换

实现数据的分发交换，向发起请求的单位或者用户分发数据，同时确保数据的实时性及完整性。

3. 实时监控

实现系统的实时监控，跟踪站数据异常的监视与上报，对数据质量进行监视，出现异常时上报至运行控制分系统，同时具备安全告警、自主修复等功能。

（二）数据接入

数据具有"时效性"要求，使得对数据的处理也要满足"时效性"要求。对于时效性要求不高的数据，可以采用"离线、批处理"的处理方式；对于时效性要求高的数据，就需要采用实时处理的方式。

1. 离线数据接入

离线数据是指对实效性要求不高的数据，这类数据通过任务调度的方式周期性地执行已定义的数据抽取流程，将数据由源头抽取到大数据存储平台中。

对于数据体量小的离线数据，可以采用传统的 ETL 工具进行数据抽取流程定义，经过流程的适当优化，数据处理能力可以达到上万条以上。传统 ETL 工具，主要都是 JDBC 接口逐条入库的方式进行数据处理。对于小批量、目标库为 Oracle 等关系型数据库时，使用传统 ETL 工具还是能胜任的，并且工具也相对成熟。但是对于批量大、目标库非关系型数据库时，传统 ETL 工具将会存在处理入库能力不足的问题，这时可以采用实时数据处理的方式进行。

2. 实时数据接入

实时数据，主要是指生成速度相对较快的数据。对于这类实时性高的数据，普遍采用以 Kafka 消息中间件为核心的流式数据处理模式。源头数据实时写入 Kafka 集群，再有数据消费者从 Kafka 主题中读取数据，并写入目标库中。

（三）数据管理

数据治理集成元数据管理、数据标准、数据质量和数据监管等功能，提供从数据接入、数据存储到数据监管使用的全生命周期管理功能。

系统提供元数据管理功能。元数据管理平台是大数据平台的重要组成部分，为数据集成、数据质量管理、数据加工整合、日常运行维护、数据安全管理和业务应用提供基础能力支持。数据治理平台要求实现"一站式"的元数据管理，包括技术元数据、业务元数据、管理元数据三类。

技术元数据是描述技术领域相关概念、关系和规则的数据，主要包括对数据结构、数据处理过程的特征描述。

业务元数据是描述业务领域相关概念、关系和规则的数据，主要包括业务术语、业务描述、指标定义和业务规则、维度定义等信息。

管理元数据是描述管理领域相关概念、关系和规则的数据，主要包括人员角色、岗位职责、管理流程、数据敏感度、数据权限等信息。

系统按照数据质量管理流程，即质量定义、度量、分析和改进等帮助用户进行管理，主要功能包括规则管理、质量监控、质量评估、质量报告、质量改进等，可以对已有数据进行概要分析，发现和监控其中的质量问题，并进行质量改进。其优势主要在于：

（1）帮助用户更好地理解数据的结构、特征和质量；

（2）在项目整个生命周期内进行数据质量的稽查、告警和改进；

（3）帮助用户分析定位质量问题，消除出现坏数据的风险和不确定性。

数据质量子系统利用统一的元数据储存库中的数据源信息和数据表结构信息，并提供统一的调度服务功能对数据表数据进行周期性的特征分析，并提供完整、准确的分析结果信息，供用户最有效地做出应对。

完成各网络数据的标准体系建设，包括对各类数据的完整性（数据信息能否存在缺失的状况）、一致性（数据记载的规范和数据能否契合逻辑）、精确性（数据记载的信息是否存在反常或过错）、及时性（数据从发生到能够检查的时刻距离）所做的设计规范，提取并识别概念数据库、逻辑数据库、数据类、数据元素，建立数据模型，遵循关系数据库规范设计数据库结构，最终实现信息的全面性和数据的规范性。

实现对接入数据资源的实时监控，主要包括监控数据及指标配置、数据接入监控。其中，监控数据及指标配置可针对数据集、待监控指标进行配置；数据接入监控包括数据接入量实时监控、数据接入成功率实时监控、数据集累计监控时间、数据量集存储量、数据条数以及数据监控的启、停操作。

（四）数据资源存储

基于数据接入转化机制，包括对数据格式与内容的标准化、数据归一化、数据转换/转义、去重以及必要的信息脱敏，加载到大数据资源池进行统一存储与管理。数据仓库的主要技术路线设计如下。

（1）海量多维结构化数据，标准化治理后存储到分布式数据库 hbase 中，非结构化数据存储到 fastdfs。

（2）对于 hbase 中的数据，通过分布式搜索引擎 elasticsearch 创建二级索引，支持对 hbase 中数据的快速查询检索。

（3）平台提供分布式计算服务 hive，实现离线业务的快速统计分析能力。

（4）系统分业务场景、分别使用 elasticsearch、MppDB 和关系型数据库，通过多表关联清洗大表方式构建主题数据库和专题库，支撑各系统需要。

（五）数据共享

系统存储的数据需要以标准格式提供给数据处理分系统、运营服务分系统和其他用户下载和使用；存储的产品包括卫星星历、跟踪站地心坐标、地球自转参数、对流层参数、电离层参数、频间偏差参数等，提供给用户下载和使用。

系统提供多种标准的接口机制，满足数据共享需要。主要有以下两种方式。

1. 通过消息中间件主动推送方式

采用消息中间件技术实现数据的可靠传输，该交换方式是基础信息的主要推送方式。

（1）支持对业务异构数据库的实时、定时采集。

（2）可实现各类格式化文件的数据采集，文件类型包括 EXCEL、TXT、DBF、XML 等。

（3）根据需求，可实现在线的实时交换，也可实现隔离方式的手工报送数据。

2. 提供 WebService 等标准接口对接方式

以 WebService 服务接口方式为各系统、用户提供数据共享，包括信息查询、信息比对、数据请求等服务接口。

三、具体创新应用实践示例

（一）应急测绘保障应用

以易华录的北斗高精度测绘应用服务平台为依托，在应急测绘保障应用方面主要开展了无人机航空应急测绘业务和应急前线现场勘测业务的创新应用。

无人机航空应急测绘场景应用。以北斗高精度定位技术为核心，通过构建无人机航拍、卫星遥感、物联网感知等空天地立体化监测体系，实现各类致灾因子、承灾体、孕灾环境等多元灾害要素信息的采集汇聚，构建自然灾害综合风险监测数据库进行多源感知监测数据的统一管理；通过对多源风险信息的综合诊断，全面监测自然灾害链"致灾-成害"全过程的风险发展态势，及时判断多灾种并发趋势和影响，快速识别多灾种风险叠加、多灾害累积突变等高风险区域。

该场景应用中，无人机作为基准站，悬停采集一段时间数据后，进行高精度定位，构建局域基准站网并生成网络 RTK 虚拟观测值，向北斗高精度定位终端播发差分改正信息。

目前相关技术已应用于某地重点河湖无人机环境监测、自然灾害风险普查等业务中。使用共计 80 多架次的多旋翼无人机对多地水系支流进行应急测绘，使用装备北斗高精度定位模块的多旋翼无人机搭载倾斜相机，对相关地区进行地质自然灾害应急测绘，项目为山区作业，测区内山体落差大，为了保证影像精度，飞机采用仿地飞行的方式进行作业。

应急前线现场勘测场景应用。应急前线现场勘测系统主要承担应急前线的测绘保障任务。在突发事件（特别是自然灾害）造成大面积破坏和大量人员伤亡时，按照突发事件应急响应预案，应急前线勘测系统保障应急测绘保障分队人员第一时间到达现场，利用北斗高精度定位终端及相关装备，有效支撑保障分队承担应急现场的勘查测量和各项应急测绘任务，为前线指挥、抢险救援、道路抢通、人员安置提供必要的测绘地理信息保障。

该场景应用中，应急车指挥监控系统软件为满足应急前线现场勘测业务应用，部署于应急指挥车辆和船舶上，基于北斗、4G 通信网络，实现对所有管辖车辆、船舶、手持终端的信息管理、定位监控、异常告警、消息通信及指挥调度。

目前相关技术已应用于某地洪涝灾害应急前线现场勘测技术支持中，为及时准确掌握详细情况，为灾害救援工作提供决策支持，防汛抗旱指挥部启动无人机应急联合监测机制，借助北斗高精度定位技术，开展洪涝灾害应急测绘工作。

（二）海洋测绘保障应用

易华录北斗高精度定位平台产品及应用终端，已应用于海洋测绘保障应用场景，在海洋水文观测、水上/水下一体化三维移动测量、航道整治测量施工及海岸带测量、海上紧急态势演练等场景进行创新应用。

（1）海洋水文观测。对水深、水温、盐度、海流、泥沙、波浪等内容进行观测时，依据需求提供必要的北斗高精度定位信息支持。

实施过程：选定作业区，在作业区内选择某区域进行浮标波浪测量，周围设无人机定位参考基准平台。浮标上同时安放测波仪，测波仪数据作为主要评估依据，结合遥感卫星数据进行近海水质污染监测定位、海洋环境监测等。进行：①近岸水质污染监测和定位；②近海海域海洋环境监测（赤潮等）；③海洋局域差分高精度定位支持下的北斗浮标波浪测量；④无人机移动基准平台 RTK 定位支持下的北斗浮标波浪测量。

（2）水上/水下一体化三维移动测量。对测量水深、激光点云等的观测，依据需求提供必要的北斗高精度定位信息支持。

实施过程：采用超短基线系统利用与声基阵刚性固定的姿态传感器（MRU）数据，将应答器的声学坐标转换为船体坐标，最后利用 RTK 高精度差分 GNSS 将船体坐标转换为大地坐标，完成应答器的定位，辅助完成水上/水下一体化三维移动测量。

（3）航道整治测量施工。对多波束测量水深与水文测量，依据需求提供必要的北斗高精度定位信息支持。

实施过程：对码头前沿、码头后沿及底部、掉头区、回旋水域、进出港航道、待泊锚地等区域进行高精度测绘，在项目增强服务覆盖区域，可通过船载高精度定位终端直接接入系统；非覆盖区域建立临时基准站，为船载高精度定位终端提供高精度位置服务。

（4）海岸带测量。对海岸助航标志测量、海岸线区域水深测量、植被边线测量、干出滩边线测量等，依据需求提供必要的北斗高精度定位信息支持。

实施过程：选定作业区海域，针对海岛海岸带变化监测需求，以遥感卫星数据和无人机数据作为数据源，进行中远海海岛海岸带变化信息提取。北斗导航定位装置可为无人机提供高精度位置信息，无人机数据具有高空间分辨率（可达厘米级）、高机动性的优势，可获取高重叠度影像，通过对无人机数据进行控制点匹配、空间加密等处理，得到正射影像，开展海岛海岸带信息提取，与历史存档数据进行对比分析，进行海岛海岸带变化监测。

（5）海上紧急态势演练。根据海上维权执法人员与民兵、渔民等人员海上执行任务的作业特点，配置岸基指挥平台和北斗便携式海上定位终端实现下情上报、上令下传、态势分发和友邻共享的功能，为海上紧急态势应急处理提供技术支撑与应急通信保障。

四、数据使用与交易的经验和启示

自然资源领域，易华录的北斗高精度定位服务平台及汇聚的北斗数据、地理数据和地图数据，在灾害风险普查、环境保护监测等领域为应急测绘、应急前线现场勘测、防震减灾，重大施工项目监测提供厘米级及准实时毫米级的广域高精度位置服务，在基础地质、水文及工程地质、矿产修复等野外地质调查工作中，为高效的生产调度、敏捷的作业管理和人员安全保障等提供有力支撑。

应用北斗高精度导航定位技术，配合北斗短报文通信手段，形成高可靠、高分辨率、高精度的突发事件现场信息获取和数据存储能力。将具有北斗功能的便携式无人机和北斗手持、穿戴式、车载终端应用于应急前线等野外环境，提供高精度定位保障。

北斗高精度定位支撑地质灾害预警。通过安装北斗高精度定位采集设备，对降水量、地表位移、深部位移、地下水位和土壤含水率等数据进行监测，利用北斗卫星通信实时采集、传输监测数据，结合分析软件对灾害发生进行预警，在一定程度上规避风险，降低人员伤亡及财产损失。

易华录的北斗高精度测绘应用服务平台基于2000+北斗/GNSS基准站连续

运行的观测数据，面向全国范围内的用户提供星地一体的实时分米级、厘米级及准实时毫米级高精度位置服务信息，具有定位精度高、延迟低、兼容性强、稳定性好、高保密性、动态网格化播发技术等特点，不仅为自然资源领域提供国内领先的北斗高精度定位服务和北斗时空大数据运营服务，而且可满足不同层次行业创新应用的需求，为实现万物互联、时空智能奠定技术基础。

第七章　总结与展望

本书通过构建数据价值化动态机制整合模型，介绍碳中和背景下数据价值化相关动态机制及平台技术，梳理数据基础设施、数据确权登记、数据授权运营、数据资产评估、低碳场景应用和要素市场培育的机制机理，以及横向数据确权授权运营、纵向数据资产评估和行业数据基础设施使能的具体应用，探索赋能数据价值化的实践路径，同时结合具体产业实践，详细介绍数据要素市场培育具体实践探索案例，尝试回应碳中和背景下数据价值化动态机制和应用研究这一重要战略议题。

第一节　本书小结

（一）加快构建数据运营平台监管体系，解数据要素市场安全运营难题

在数据要素市场化实践过程中，目前形成了由政府主导、多元市场主体参与配置的运营模式。由于各市场主体在数据流转过程中参与环节的差异性，政府部门尚未构建有效的全流程监管机制。对此，"十四五"期间，亟须按照可信数据要素市场生态系统和数据运营平台服务的内容，构建包括平台运营监督维护体系和网络安全保障体系在内的数据运营平台监管体系，为数据运营监管平台建设与数据要素市场化进程提供统一指导。

1. 完善数据监管运营顶层设计，强化多部门协调

基于当前数据要素市场层级和市场主体多样化的特征，实现数据要素市

场化培育和数据运营监管需要多层级、多领域、多部门协同配合。在中央层面亟须完善国家大数据（管理）局、国家数据集团等顶层设计，进一步统领数据要素全国统一大市场建设。政府是政务数据资源持有者，也是公共数据和社会数据市场化运营的监管方。数据赋能社会经济发展，需要厘清政府各部门在政务数据、公共数据和社会数据等对内共享和对外开放方面的职责，实现多部门协同配合引导运营和实施监管的效益最大化。

2. 明确政府"元治理"角色

集中统一的数据确权授权运营模式便于地方政府对数据运营服务从源头进行监管，保证第一时间就平台运行过程中的安全泄露、违规使用等问题做出响应，将损失和影响维持在可控范围。政府部门可建立数据安全信息备案制度，会同部门有关组织和数据运营者开展重要数据和个人信息的备案工作，不改变政府部门对各自数据的管理权，通过全程留痕和透明的方式记录数据使用情况，在有效连接数据供给方和数据需求方的同时也便于政府数据授权运营的全程监管。从组织管理层面，由政府相关部门领导和数据平台组成的信息安全工作领导小组，负责协调本单位信息安全管理工作，决策信息安全重大事宜。运营平台应按照等级保护要求，落实安全管理制度和技术措施，确保数据系统的物理环境、通信网络、区域边界、计算环境等方面整体安全，加强对数据活动过程中关键操作的安全审计。特别要明确采集数据的目的和用途，确保数据采集的合法性、正当性、必要性和业务关联性。对数据采集的环境、设施和技术采取必要的管控措施，确保数据的完整性、一致性和真实性，保证数据在采集过程中不被泄露。制定并执行数据安全传输策略和规程，采用安全可信通道或数据加密等安全控制措施，确保数据传输的安全性和可靠性。制定数据共享、交换、发布管理制度，采取数据加密、安全通道等管控措施保护数据共享、交换过程中的个人信息和重要数据安全，指定专人审核数据发布的合法合规性，加强对数据共享、交换、发布的动态分析与预警治理。

3. 从数据资产管理角度入手，完善全生命周期监管体系

首先，应创新事前监管，建立健全信用承诺制度，对数据运营平台运营有关事项予以审查与回复，数据使用主体应主动做出信用承诺及数据安全合规承诺。其次，要加强事中监管，建立全面的数据使用主体信用记录，及时、准确地记录数据使用主体信用行为，特别是将失信记录建档留痕，做到可查可核可控可溯。最后，要完善事后监管，比如通过构建数据使用行为模型就数据流转过程中可能存在的安全泄露、违规使用等问题进行实时监控、追根溯源和实时阻断，充分发挥平台的技术和应急响应优势，协同完成安全监管职能。

4. 支持多元主体广泛参与共建数据安全运营平台

在充分发挥政府部门"元治理"作用基础上，也要充分利用"制度+技术"双轮驱动探索高效、可持续的数据运营机制，调动企业和社会等多元参与主体的数据自治与协同治理积极性，通过多元主体的协同共治，提高治理效率。在对数据要素进行价值挖掘和数据要素流动循环的过程中，可能存在的安全风险主要包括从政府数据到政务共享平台的数据安全，然后是从政务共享平台到运营服务平台的数据安全，还包括从数据运营平台到数据需求方的数据安全和数据需求方在数据使用过程中的安全问题。上述过程的网络安全问题需依托于各市场主体内部的技术平台和管理体系。

从技术层面来看，数据运营平台可以提供面向生态技术服务商和产业用户基于固定安全边界的数据实验室，提供数据资源、算力、办公场所等条件以支持数据运营平台受托服务业务及自身算法孵化的封闭数据开发平台，并就相应的数据操作行为进行实时上区块链进行处理，以确保数据的安全、合规使用。区块链和隐私计算等新型数据技术的应用也能够进一步保障数据的公信力，便捷的操作步骤也能进一步降低政府监管的难度和成本。同时，为了便于政府对运营平台的业务展开进行全面的监督管理，线上门户可专门设置区块链审计日志调取模块，包括所记录的用户身份、数据权属、数据加工过程、购买记录、交易合同、交付记录等凭证信息。

从数据要素的监管流程来看，区块链技术具有高度适用性：在数据存储阶段，区块链技术可以有效降低数据丢失的风险；在数据治理阶段，可以保证数据处理的科学性、可靠性以及真实性；在数据使用过程中，上链处理可以追溯数据的使用主体及用途，从而解决数据使用主体的资质审查及使用规范性问题。

（二）多点突破，探索数据市场化安全高效运营的长效模式

数据市场化运营过程中，数据要素市场化生态关系构建、数据要素安全保障和数据要素监管治理体系设计互为条件，彼此协同，这三者所构成的整体性逻辑框架是培育数据要素生态、推动数据要素市场化安全高效运营以及数字经济高质量发展的核心和关键所在。数据监管动态持续贯穿整个数据生命周期，保障数据进行长期保存、组织、维护、利用。未来，需要多措并举，进一步构建包括全流程协同监管、动态创新等在内的新型监管与治理体系，探索推进数据要素生态培育和市场化安全高效运营的长效模式，健全政府、市场、社会多元主体有机协同的治理体系。

首先，要不断丰富公共数据、企业数据和个人数据的服务内容和服务场景，加快场景驱动的数据要素融合应用。进一步支持针对不同种类数据的市场化运营模式的个性化探索，实现数据要素在不同场景的广泛应用，为不同群体提供更加精准、系统和全面的数据资源支持。在实践中，不同地区和行业的运营模式、运营基础以及监管过程存在差异，应进一步鼓励本地化、多元化和分类探索，形成系列案例，提炼普遍难题和"瓶颈"，有针对性地建构和完善以"用数"为目的、"在监管中运营、在运营中监管"的央地统筹体系和面向多元应用场景的差异化、个性化模式，不断优化数据要素的市场化、价值化机制。

其次，要加强隐私计算等数据安全技术的研发，实现数据要素市场培育过程中的关键核心技术自主可控。在此基础上做好技术功能的迭代升级和数据资源的延伸拓展，逐步完善"数据-算法-算力-安全体系"的一体化有机融合，提高多种数据类型和不同需求场景的匹配程度，利用先进技术建立数据要素受托运营的科技监管框架，明晰数据权责，维护各数据市场主体权益，助力传统产业数字化、智能化发展，保障数据要素的安全使用、数据服务能力的提升改善和数字经济的快速发展。

（三）健全基于平台的数据要素市场化监管体系，形成数据运营平台自律监管和行政监管并行、制度和技术整合式创新的模式

明确中央和地方层面负责数据治理、监管的部门设置，形成分行业治理和跨行业治理、场内场外治理和全过程治理的协同和整合，加快提升市场化效率。充分发挥行业内部的自律监管作用，充分利用行业协会在专业程度和反应速度上的优势，对数据流通规则进行规范，确保数据运营平台健康可持续发展，提升数字治理精准性和效能，有力支撑数字中国建设落地实施。

（1）健全数据要素全国统一大市场支撑体系，发挥我国大规模市场优势，将区域发展纳入到全国统一的数据要素大市场，采取中央统筹规划和地方分布式推进的模式，为省市共建的场景化数据市场发展思路提供指导。深入探索创新适应公共数据授权运营的政策工具，加速推动数据利用技术平台创新，着力培育数据驱动型的数字化产业链和生态圈。

（2）完善数据基础制度，规范数据确权流程，统一数据标识计量体系。数据要素的基础制度框架需要兼顾个人、企业、国家等多方权益，从多方面形成规制和约束，要注重数据隐私保护，尤其要维护个人隐私权，规范数据信息采集和使用。

（3）规范公共数据授权运营制度，从授权管理主体、授权对象资质、授权运营场景、授权管理程序、收益分配机制、运营评估标准、授权期限及退出机制等方面形成运营主体多方参与和分级分类管理。健全公共数据资源开放收益的合理分享机制，建立公共数据资源开发利用和市场化运营的反哺机制，形成公共数据资源高效汇聚和公共服务能力持续提升的良性互动局面。

（4）持续探索数据运营模式，形成政府引导、企业主导、多元社会生态参与的数据产业生态圈和数据要素市场新格局。结合公共数据运营中各参与主体的数据使用权、管理权、运营权，构建覆盖数据运营全生命周期的权责利分工体系。

（5）统筹推进公共数据授权运营整体布局及试点示范举措，深化公共数据开发利用的理论研究和案例分析，形成推动公共数据资源市场化的整体实

施方案和先行先试探索。

本书主要有以下三个创新点：

（1）研究问题方面，将碳中和与数字中国融合，选取了面向国家重大战略的科学机理和应用实践问题，在融合现有模型的基础上，搭建了碳中和背景下中国数据价值化动态机制模型，将碳中和与数据要素两大研究领域有机融合，一定程度上解决了数据价值化和赋能碳中和的理论机制机理缺乏的难题；

（2）机制机理方面，梳理清楚数据价值化相关动态机制及平台技术，明确了数据基础设施、数据确权登记、数据授权运营、数据资产评估和要素市场培育，是数据价值化的重要过程机制和关键环节，数据赋能碳中和机制机理层面拓展了低碳场景应用范围，建立了碳中和背景下数据要素价值化的方法学框架，可支撑我国制定更科学的面向碳中和的数据价值化技术路径；

（3）实践应用方面，形成省市县三级面向碳中和的数据价值化场景应用，结合具体产业实践，创新了数据要素市场培育的河南方案，拓展了数据驱动智慧城市的开封模式，形成了数据要素生产资料化的兰考实践，也完善了企业侧零碳数据湖的易华录实施路径，为面向碳中和的数据价值化实践路径提供借鉴。

第二节　未来展望

数字经济是新时代中国高质量发展、实现"弯道超车"乃至"换道超车"的有利赛道。"双碳"目标是中国从构建人类命运共同体和实现绿色高质量发展的高度出发，对国际社会做出的庄严承诺，明确了中国绿色低碳高质量发展的方向。

数据基础设施作为人类社会从信息时代进入数据时代的新动能，为驱动新发展阶段实现高质量发展的数据这一新引擎提供动力。同时，在新发展阶段实现"双碳"的新发展理念，离不开以碳中和数据银行为代表的低碳化、数字化、智能化的数据基础设施和全新数据要素市场化配置模式的坚实支撑。

展望未来，需要多措并举，进一步建设和发挥好以数据银行为代表的数据基础设施对"双碳"目标实现的基础性支撑作用。一是要完善数字中国建设和"双碳"目标的顶层设计；二是要加强绿色低碳科技攻关，尤其是利用数据要素和数字技术赋能绿色低碳核心技术实现突破；三是多部门、跨区域和跨领域协同推进碳中和数据银行建设，加速工业制造等关键领域减碳；四是注重完善政策法规体系，通过制度创新和技术创新牵引的双轮驱动，打破"双碳"工作面临的数据融通壁垒；五是要充分发挥我国超大规模市场和海量场景驱动的优势，加快碳中和数据银行多元应用场景的开发建设。在此基础上，探索数据基础设施助力实现"双碳"目标的中国模式和中国经验，实现数字创新引领新发展阶段经济社会高质量发展，也为全球"双碳"事业贡献中国力量。

当然，由于碳中和与数字经济均是新兴且不断发展变化的命题，本书也努力突破跨学科探索和应用实践，但有些是相关学科领域客观存在的困难和挑战。下一步研究可从以下几个方面开展：（1）数据和模型方面，及时跟进相关学科中数据要素、碳中和等学科领域的最新研究成果和数据信息，不断完善碳中和背景下数据价值化动态机制整合模型，深入开展定量和模型研究。（2）理论研究与实践结合方面，一是深入开展数据资产评估、数据确权授权运营、数据要素市场培育等相关机理和政策研究，在本书基础上，进一步深化数据价值化研究；二是对数据赋能碳中和及数字碳中和开展深入研究，探索数据价值化在碳中和领域的具体机理；三是结合产业应用实践，进一步完善模型和分析机理，为数字中国建设和"双碳"目标的实施贡献智慧，助力绿色化数字化双转型，加快发展新质生产力，为中国式现代化发展提供持久动能。

参考文献

［1］聂耀昱，尹西明，林镇阳，等．数据基础设施赋能碳达峰碳中和的动态过程机制［J］．科技管理研究，2022，42（18）：182-189．

［2］王圆圆，白宏坤，李义峰，等．能源大数据应用中心功能体系及应用场景设计［J］．智慧电力，2020，48（03）：15-21，29．

［3］覃秋悦，王化龙，唐玲明，等．广西能源大数据平台建设与应用初探［J］．红水河，2022，41（04）：86-90．

［4］王兴昌，王传宽．森林生态系统碳循环的基本概念和野外测定方法评述［J］．生态学报，2015，35（13）：4241-4256．

［5］ED Schulze. Carbon and water exchange of terrestrial systems ED. Schulze and M. Heimann ［J］. Asian Change in the Context of Global Climate Change：Impact of Natural and Anthropogenic Changes in Asia on Global Biogeochemical Cycles, 1998, 3：145.

［6］杨元合，石岳，孙文娟，等．中国及全球陆地生态系统碳源汇特征及其对碳中和的贡献［J］．中国科学：生命科学，2022，52（04）：534-574．

［7］林镇阳，侯智军，赵蓉，等．数据要素生态系统视角下数据运营平台的服务类型与监管体系构建［J］．电子政务，2022（08）：89-99．

［8］王凯军．数据要素的产权分析与治理机制［D］．成都：西南财经大学，2022．

［9］张贤，郭偲悦，孔慧，等．碳中和愿景的科技需求与技术路径［J］．中国环境管理，2021，13（01）：65-70．

［10］李晋，蔡闻佳，王灿，等．碳中和愿景下中国电力部门的生物质能

源技术部署战略研究［J］. 中国环境管理，2021，13（01）：59-64.

［11］王灿. 碳中和愿景下的低碳转型之路［J］. 中国环境管理，2021，13（01）：13-15.

［12］王灿，丛建辉，王克，等. 中国应对气候变化技术清单研究［J］. 中国人口·资源与环境，2021，31（03）：1-12.

［13］王灿，张雅欣. 碳中和愿景的实现路径与政策体系［J］. 中国环境管理，2020，12（06）：58-64.

［14］项目综合报告编写组. 《中国长期低碳发展战略与转型路径研究》综合报告［J］. 中国人口·资源与环境，2020，30（11）：1-25.

［15］郭扬，吕一铮，严坤，等. 中国工业园区低碳发展路径研究［J］. 中国环境管理，2021，13（01）：49-58.

［16］陈晓红，胡东滨，曹文治，等. 数字技术助推我国能源行业碳中和目标实现的路径探析［J］. 中国科学院院刊，2021，36（09）：1019-1029.

［17］彭昭. 物联网将成为实现"碳中和"的关键［J］. 中国工业和信息化，2021（05）：40-46.

［18］郭丰，杨上广，任毅. 数字经济、绿色技术创新与碳排放——来自中国城市层面的经验证据［J］. 陕西师范大学学报（哲学社会科学版），2022，51（03）：45-60.

［19］林达. "双碳"目标下数字经济助力低碳消费［J］. 中国集体经济，2022（14）：29-32.

［20］贾峰，闫世东，曾红鹰，等. 数字化电动化出行模式助力实现"碳中和"——基于滴滴出行平台2018—2021年减碳数据分析［J］. 世界环境，2021（05）：52-55.

［21］罗亚，余铁桥，张耘逸，等. 数字化赋能国土空间治理的"双碳"转型［J］. 未来城市设计与运营，2022（06）：42-46.

［22］王于鹤，王娟，邓良辰. "双碳"目标下，能源行业数字化转型的思考与建议［J］. 中国能源，2021，43（10）：47-52.

［23］王硕，王海荣. 双碳目标背景下中国数字经济健康发展的策略研究

[J]．当代经济管理，2022，44（08）：11-16.

[24] 胡熠，靳曙畅．数字技术助力"双碳"目标实现：理论机制与实践路径 [J]．财会月刊，2022（06）：111-118.

[25] 尹西明，林镇阳，陈劲，等．数据要素价值化动态过程机制研究 [J]．科学学研究，2022，40（02）：220-229.

[26] 吴斌．支撑能源结构调整的城市级智慧能源决策运营平台 [J]．智能建筑，2016（06）：52-59.

[27] 蔡桂华，韩涛，范伟，等．基于海量数据的区域新能源监控与决策支持 [J]．电网与清洁能源，2017，33（12）：115-122.

[28] 杨文涛，王蕾，邹波，等．基于大数据服务平台的电动汽车有序充放电管理 [J]．电力建设，2018，39（06）：28-41.

[29] 李俊楠，李伟，李会君，等．基于大数据云平台的电力能源大数据采集与应用研究 [J]．电测与仪表，2019，56（12）：104-109.

[30] 刘永辉，张显，孙鸿雁，等．能源互联网背景下电力市场大数据应用探讨 [J]．电力系统自动化，2021，45（11）：1-10.

[31] 邓明君，罗文兵，尹立娟．国外碳中和理论研究与实践发展述评 [J]．资源科学，2013，35（05）：1084-1094.

[32] 李岚，王恒，黄佳鑫．中外碳中和领域研究现状及前景——基于CiteSpace 的文献计量分析 [J]．林业经济，2021，43（10）：66-79.

[33] 刘传．数据银行助推数据资产化发展的可行性研究 [J]．时代金融，2022（04）：40-42.

[34] 刘传．数据银行的构建与业务发展 [J]．数字技术与应用，2022，40（03）：146-148.

[35] 庞鹏飞，林洁．基于品牌数据银行的智钻投放策略分析 [J]．现代营销（下旬刊），2019（08）：52-53.

[36] 杨震澎．建设"实景三维中国数据银行"的大胆探索 [J]．中国测绘，2021（01）：71-72.

[37] 中科院发布"科学数据银行"服务将促进科研成果可信共享 [J]．

高科技与产业化，2021，27（02）：71.

［38］敖虎山. 打通"数据孤岛"推动建立医疗行业"数据银行"［J］. 中国医疗保险，2022（03）：18-19.

［39］Emma Pirskanen，Heli Hallikainen，Tommi Laukkanen. Propositions on Big Data Business Value［Z］：Springer International Publishing，2019：527-540.

［40］尹西明，林镇阳，陈劲，等. 数据要素价值化动态过程机制研究［J］. 科学学研究，2022，40（02）：1-18.

［41］João Reis，Marlene Amorim，Nuno Melão，et al. Digital transformation：a literature review and guidelines for future research［C］//World Conference on Information Systems and Technologies：Springer，2018：411-421.

［42］Erkko Autio，Satish Nambisan，Llewellyn DW Thomas，et al. Digital affordances，spatial affordances，and the genesis of entrepreneurial ecosystems［J］. Strategic Entrepreneurship Journal，2018，12（1）：72-95.

［43］余江，孟庆时，张越，等. 数字创新：创新研究新视角的探索及启示［J］. 科学学研究，2017，35（07）：1103-1111.

［44］Andrea Urbinati，Davide Chiaroni，Vittorio Chiesa，et al. The role of digital technologies in open innovation processes：an exploratory multiple case study analysis［J］. R&d Management，2020，50（1）：136-160.

［45］Richard Busulwa，Nina Evans. Digital technology advancements and digital disruption［Z］. Abingdon，Oxon；New York，NY：Routledge，2021. | Series：Business & Digital Transformation：Routledge，2021：19-28.

［46］尹西明，陈劲. 产业数字化动态能力：源起、内涵与理论框架［J］. 社会科学辑刊，2022（02）：114-123.

［47］尹西明，林镇阳，陈劲，等. 数字基础设施赋能区域创新发展的过程机制研究——基于城市数据湖的案例研究［J］. 科学学与科学技术管理，2022，43（09）：108-124.

［48］何建坤. 碳达峰碳中和目标导向下能源和经济的低碳转型［J］. 环境经济研究，2021，6（01）：1-9.

［49］易成岐，窦悦，陈东，等．全国一体化大数据中心协同创新体系：总体框架与战略价值［J］．电子政务，2021（06）：2-10.

［50］王建冬，于施洋，窦悦．东数西算：我国数据跨域流通的总体框架和实施路径研究［J］．电子政务，2020（03）：13-21.

［51］王文．防范运动式减碳，离不开数字化［N］．中国银行保险报，2021-10-11.

［52］丁晓东．从公开到服务：政府数据开放的法理反思与制度完善［J］．法商研究，2022，39（02）：131-145.

［53］赵加兵．公共数据归属政府的合理性及法律意义［J］．河南财经政法大学学报，2021，36（01）：13-22.

［54］欧阳日辉．我国多层次数据要素交易市场体系建设机制与路径［J］．江西社会科学，2022，42（03）：64-75，206-207.

［55］沈健州．数据财产的权利架构与规则展开［J］．中国法学，2022（04）：92-113.

［56］朱扬勇，叶雅珍．从数据的属性看数据资产［J］．大数据，2018，4（06）：65-76.

［57］Dan Voich, Daniel A Wren. Principles of Management：Resources and Systems［M］. New York：The Ronald Press Company, 1968.

［58］Michael L Gargano, Bel G Raggad. Data Mining-a powerful information creating tool［J］. Oclc Systems & Services：International Digital Library Perspectives, 1999, 15（2）：81-90.

［59］谢波峰，朱扬勇．数据财政框架和实现路径探索［J］．财政研究，2020（07）：14-23.

［60］叶雅珍，刘国华，朱扬勇．数据资产相关概念综述［J］．计算机科学，2019，46（11）：20-24.

［61］吴超．从原材料到资产——数据资产化的挑战和思考［J］．中国科学院院刊，2018，33（08）：791-795.

［62］齐爱民，盘佳．数据权、数据主权的确立与大数据保护的基本原则

[J]．苏州大学学报（哲学社会科学版），2015，36（01）：64-70，191.

[63] 李泽红，檀晓云．大数据资产会计确认、计量与报告 [J]．财会通讯，2018（10）：58-59，129.

[64] 商希雪，韩海庭．数据分类分级治理规范的体系化建构 [J]．电子政务，2022（10）：75-87.

[65] 祝子丽，倪杉．数据资产管理研究脉络及展望——基于 CNKI 2002—2017 年研究文献的分析 [J]．湖南财政经济学院学报，2018，34（06）：105-115.

[66] 马丹，郁霞．数据资产：概念演化与测度方法 [J]．统计学报，2020，1（02）：15-24.

[67] 崔吉峰，杨栋枢，王维佳，等．数据资产化管理研究及体系架构设计 [J]．微型电脑应用，2016，32（01）：40-43.

[68] 黄如花，赖彤．数据生命周期视角下我国政府数据开放的障碍研究 [J]．情报理论与实践，2018，41（02）：7-13.

[69] 滕吉文，司芗，刘少华．当代新型智慧城市属性、理念、构筑与大数据 [J]．科学技术与工程，2019，19（36）：1-20.

[70] 王静远，李超，熊璋，等．以数据为中心的智慧城市研究综述 [J]．计算机研究与发展，2014，51（02）：239-259.

[71] 吕颜冰．智慧城市框架中的数字档案资源来源 [J]．浙江档案，2016（01）：24-27.

[72] 佟庆，张希良．工业制造业如何分解落实全国碳排放控制目标？[J]．科技导报，2012，30（35）：11.

[73] 蔡博峰，曹丽斌，雷宇，等．中国碳中和目标下的二氧化碳排放路径 [J]．中国人口·资源与环境，2021，31（01）：7-14.

[74] 高涵，张建寰，赵静波，等．基于电动汽车创新技术应用的碳减排潜力分析 [J]．科技管理研究，2020，40（19）：230-236.

[75] 王靖添，闫琰，黄全胜，等．中国交通运输碳减排潜力分析 [J]．科技管理研究，2021，41（02）：200-210.

［76］周喜君，郭丕斌．基于DEA窗口模型的中国碳减排技术研发效率评估［J］．科技管理研究，2021，41（01）：187-193.

［77］张希良，张达，余润心．中国特色全国碳市场设计理论与实践［J］．管理世界，2021，37（08）：80-95.

［78］张希良，姜克隽，赵英汝，等．促进能源气候协同治理机制与路径跨学科研究［J］．全球能源互联网，2021，4（01）：1-4.

［79］张希良．低碳发展转型与能源管理［J］．科学观察，2019，14（04）：49-52.

［80］李涛，李昂，宋沂邈，等．市场激励型环境规制的价值效应——基于碳排放权交易机制的研究［J］．科技管理研究，2021，41（13）：211-222.

［81］包晓丽．二阶序列式数据确权规则［J］．清华法学，2022，16（03）：60-75.

［82］申卫星．论数据用益权［J］．中国社会科学，2020（11）：110-131，207.

［83］彭勇，祝连鹏，王雪．基于数据登记的数据要素市场建设探究［J］．产权导刊，2022（06）：19-23.

［84］常江，张震．论公共数据授权运营的特点、性质及法律规制［J］．法治研究，2022（02）：126-135.

［85］张会平，马太平，孙立爽．政府数据赋能数字经济升级：授权运营、隐私计算与场景重构［J］．情报杂志，2022，41（04）：166-172.

［86］王蕤，张妮，吴志刚．算法规制与权利生产：政府数据确权的反向路径［J］．电子政务，2021（02）：75-83.

［87］熊伟，张磊，杨琴．"十四五"时期数字要素市场构建的实施短板与创新路径［J］．新疆社会科学，2022（01）：61-69.

［88］陈劲，幸辉，陈钰芬，等．中国城市创新人才评价体系构建［J］．创新科技，2022，22（04）：73-80.

［89］刘珉，胡鞍钢．中国打造世界最大林业碳汇市场（2020—2060年）［J］．新疆师范大学学报（哲学社会科学版），2022，43（04）：89-103，2.

［90］彭红军，徐笑，俞小平．林业碳汇产品价值实现路径综述［J］．南京林业大学学报（自然科学版），2022，46（06）：177-186.

［91］刘洋，董久钰，魏江．数字创新管理：理论框架与未来研究［J］．管理世界，2020，36（07）：198-217，219.

［92］柳卸林，董彩婷，丁雪辰．数字创新时代：中国的机遇与挑战［J］．科学学与科学技术管理，2020，41（06）：3-15.

［93］刘淑春，闫津臣，张思雪等．企业管理数字化变革能提升投入产出效率吗［J］．管理世界，2021，37（05）：170-190，13.

［94］康瑾，陈凯华．数字创新发展经济体系：框架、演化与增值效应［J］．科研管理，2021，42（04）：1-10.

［95］马建堂．建设高标准市场体系与构建新发展格局［J］．管理世界，2021，37（05）：1-10.

［96］梅春，林敏华，程飞．本地锦标赛激励与企业创新产出［J］．南开管理评论，2022，25（02）：124-135，213，136-137.

［97］温珺，阎志军，程愚．数字经济驱动创新效应研究——基于省际面板数据的回归［J］．经济体制改革，2020（03）：31-38.

［98］周青，王燕灵，杨伟．数字化水平对创新绩效影响的实证研究——基于浙江省73个县（区、市）的面板数据［J］．科研管理，2020，41（07）：120-129.

［99］万晓榆，罗焱卿．数字经济发展水平测度及其对全要素生产率的影响效应［J］．改革，2022（01）：101-118.

［100］俞伯阳．数字经济、要素市场化配置与区域创新能力［J］．经济与管理，2022，36（02）：36-42.

［101］孙新波，张媛，王永霞，等．数字价值创造：研究框架与展望［J］．外国经济与管理，2021，43（10）：35-49.

［102］尹西明，陈劲，林镇阳，等．数字基础设施赋能区域创新发展的过程机制研究——基于城市数据湖的案例研究［J］．科学学与科学技术管理，2022，43（09）：108-124.